江苏省高等学校重点教材（编号：2021-1-105）

# 发酵工艺学实验

（第二版）

余晓红　商曰玲　王笃军　李凤伟　彭英云　薛　锋　等　编

科　学　出　版　社

北　京

# 内 容 简 介

本书内容分为两大部分，第一部分为发酵工艺学基础实验，包括发酵菌株的选育及保藏、摇瓶发酵、发酵生化参数的测定和发酵产品的分离提取；第二部分为综合性部分，包含工业上常见的20个发酵工艺实例，既有食品发酵实例又有生物制品发酵实例，还包括部分水产品发酵和中药材发酵实例。本书在编写形式上突出以学生为本的思想，在实验中除让学生明确实验目的、原理和基本操作外，还充分利用新形态教材形式，在部分实验中，特别是综合性实验中，分步骤拍摄实录视频，另协同发酵企业，制作经典浓香型白酒酿造、中药材发酵等视频，编写产教融合型教材，使用手机扫描二维码即可在线观看实验过程，便于学生在课前预习。

本书适合理、工、农、林各高等院校食品科学与工程及生物工程相关专业本科生及食品工程、发酵工程、生物工程专业研究生学习使用，也可供相关企业员工或科技人员查阅参考。

**图书在版编目（CIP）数据**

发酵工艺学实验/余晓红等编. —2版. —北京：科学出版社，2024.1

江苏省高等学校重点教材

ISBN 978-7-03-077776-8

Ⅰ. ①发…　Ⅱ. ①余…　Ⅲ. ①发酵-生产工艺-实验-高等学校-教材　Ⅳ. ①TQ920.6-33

中国国家版本馆CIP数据核字(2024)第013900号

责任编辑：许　蕾　沈　旭　赵　晶/责任校对：杨　赛

责任印制：赵　博/封面设计：许　瑞

科学出版社 出版

北京东黄城根北街16号

邮政编码：100717

http://www.sciencep.com

北京富资园科技发展有限公司印刷

科学出版社发行　各地新华书店经销

*

2019年12月第　一　版　开本：787×1092　1/16

2024年 1 月第　二　版　印张：12 1/4

2025年 1 月第七次印刷　字数：291 000

**定价：69.00元**

（如有印装质量问题，我社负责调换）

## 《发酵工艺学实验（第二版）》

### 编写人员名单

（排名不分先后）

余晓红　商曰玲　王笃军　李凤伟

彭英云　薛　锋　邵　帅　王　铁

胡　悦　蔡金文　靳文斌

# 前　言

发酵工艺学实验是“发酵工艺学”课程的重要组成部分。现有的发酵工艺学实验教材大致分为食品发酵工艺学实验教材和生物工艺学实验教材，它们分别适用于食品科学与工程专业和生物工程专业，没有实现教学与学科、教学与科研的交叉和融会贯通。本教材涵盖生物发酵技术的基础操作、食品和生物制品的发酵生产模块，系统地将发酵工程基础与发酵生产实例有机结合，包括传统发酵食品、酒类、有机酸、氨基酸、多糖、抗生素、酶制剂、水产品及中药材的发酵生产，在内容上可同时满足食品科学与工程专业和生物工程专业的相关实验教学。

本教材由从事发酵工程、食品科学与工程、生物工程理论与实验课程教学的教师编写，编者在长期的教学和科研过程中积累了丰富的经验。本教材共分为两个部分，第一部分为基础篇，主要内容为发酵菌株的选育及保藏、摇瓶发酵、发酵生化参数的测定及发酵产品的分离提取；第二部分主要为发酵工艺实例，包括常见发酵食品的发酵过程和关键参数的测定，涉及有机酸、氨基酸、多糖、抗生素、酶制剂、水产品及中药材等的发酵生产。全书由盐城工学院余晓红教授统编；第一章和第二章由盐城工学院靳文斌老师和胡悦老师、南京师范大学薛锋老师修改编写；第三章由盐城工学院邵帅老师、常熟理工学院彭英云老师修改编写；第四章由盐城工学院李凤伟老师编写；第五章由盐城工学院王笃军老师、余晓红教授修改编写，江苏洋河酒厂股份有限公司酿造部部长王铁参与本章中酒类发酵的修改编写，江苏菌钥生命科技发展有限公司行政总监蔡金文参与本章中药材发酵的修改编写。本教材中添加的视频由盐城工学院商曰玲老师拍摄剪辑、余晓红教授审核，同时以上两个企业产品的酿造发酵视频也列于其中。本教材在编写过程中，力求实用性、科学性与先进性相结合，以期符合本科教育要求。

本教材由盐城工学院教材基金资助出版。本教材参考了国内外同行的科研成果和著作，在此对相关作者表示感谢。由于编者的学识和水平有限，书中难免存在疏漏之处，敬请读者批评指正，以便将来修订时进一步完善。

编　者

2023 年 11 月

# 目　录

# 第一章　发酵菌株的选育及保藏

## 第一节　发酵菌株的筛选和鉴定

### 实验一　微生物多样性检测及菌种鉴定

#### 一、实验目的

(1)获得样品中的微生物群落组成；

(2)获得样品中微生物之间的相对丰度。

#### 二、实验原理

1. 基本思想

16S 测序指对环境细菌的 16S rRNA 基因序列进行高通量测序。细菌的 16S rRNA 是核糖体小亚基的组成部分，长度约 1542 bp[①]，包括九个高变区、十个保守区。保守区在细菌间差异不大，高变区具有细菌的种属特异性。在细菌保守区设计引物，对高变区(V3～V4)的 PCR 扩增产物进行高通量测序，通过测序结果与数据库比较，可以分析该环境下细菌的菌群结构和多样性及分布特征。

ITS 是内源转录间隔区(internally transcribed spacer)序列，位于真菌 18S、5.8S 和 28S rRNA 基因之间，分别为 ITS 1 和 ITS 2。在真菌中，5.8S、18S 和 28S rRNA 基因具有较高的保守性，而 ITS 由于承受较小的自然选择压力，在进化过程中能够容忍更多的变异，在绝大多数真核生物中表现出极为广泛的序列多态性。同时，ITS 的保守性表现为种内相对一致、种间差异较明显，能够反映出种属间，甚至菌株间的差异。

2. 基本路线

16S 扩增子测序：针对 HiSeq 2000/2500 测序数据进行环境微生物的 16S 分析，首先对原始的双端测序短序列(paired-end reads)进行过滤得到高质量序列(reads)，然后通过序列拼接得到较长的序列，将其与 16S 参考数据库作比对，同时去除嵌合体序列，最终将过滤后的序列按照一定的阈值(如序列相似性水平为 97%)进行聚类分析，得到多个序列聚类操作分类单元(operational taxonomic units, OTU)，并对 OTU 进行分类学(taxonomy)注释。接着根据 OTU 结果进行 alpha 和 beta 多样性指数的计算，其中 alpha 多样性是指单个样本的多样性，beta 多样性是指样本间的相似性和差异模式。最后对分析结果进行可视化，使信息更容易解释(图 1)。

---

① bp，是 base pair(碱基对)的缩写，DNA 的长度单位。

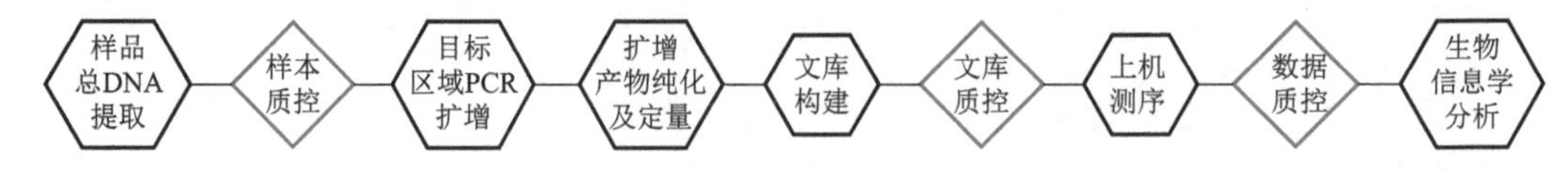


图1　测序数据分析流程

ITS扩增子测序：采用Illumina HiSeq 2500高通量测序平台对检测合格的文库进行测序，再对原始的paired-end reads进行过滤得到高质量reads，然后通过序列拼接得到较长的序列，将其与参考数据库作比对，同时去除嵌合体序列，最终将过滤后的序列按照一定的阈值(如序列相似性水平为97%)进行聚类分析，得到多个序列聚类OTU，并对OTU进行分类学注释。接着根据OTU结果进行alpha和beta多样性指数的计算，其中alpha多样性是指单个样本的多样性，beta多样性是指样本间的相似性和差异模式。最后对分析结果进行可视化，使信息更容易解释。

## 三、实验材料和仪器

### 1. 实验材料

(1)培养基：LB培养基(lysogeny broth，即溶菌肉汤，是微生物学实验中最常用的培养基，用于培养大肠杆菌等细菌，分为液态培养基和加入琼脂制成的固态培养基。加入抗生素的LB培养基可用于筛选以大肠杆菌为宿主的克隆)、PDA培养基。

(2)试剂：琼脂粉、Qiagen胶回收试剂盒、DNA提取试剂盒等。

### 2. 实验仪器

灭菌锅、恒温培养箱、移液管、涂布器、接种环、平板、三角瓶、试管(15 mm×150 mm)、PCR仪、HiSeq 2500/MiSeq高通量测序平台等。

## 四、实验内容

### 1. PCR扩增及纯化

将活化和分离出的微生物分别接种于相应的固体培养基中，培养过夜后，从不同微生物平板上，各取一个新鲜单菌落分别置于1.5 mL离心管中，加入10 μL的裂解液，将其振荡混匀，室温静置20 min，随后稀释20倍，振荡混匀，12000 r/min离心2 min，取上清液作为模板，进行PCR扩增。将PCR扩增产物进行琼脂糖凝胶电泳，回收并纯化胶块。将纯化后的产物进行Sanger测序，获得正反向测序结果。

### 2. 建库流程

1)引物合成

引物区域包含与测序仪结合的P5、P7序列，区分不同样本的barcode序列，测序引物序列，与细菌16S基因(真菌ITS基因)保守区结合的序列。

2）PCR 扩增

16S 扩增子测序：选择细菌 16S rRNA V3～V4 区对应的引物进行扩增。

ITS 扩增子测序：采用通用引物对菌株的基因组 DNA 扩增测序。

3）文库纯化及定量

用 Qiagen 胶回收试剂盒，进行 PCR 产物的纯化，并用 NanoDrop 和 Qubit 分别进行文库定量。

4）上机检测

按照每个样品 3 万条 reads 的数据量，加入合适的文库量，选 HiSeq 2500/MiSeq 进行 PE250 测序。

### 3. 测序数据统计与优化

原始下机数据首先采用 FastQC 软件进行质量检测，去除 Adaptor 及低质量碱基序列，统计测序原始下机和质控后样品 reads 数及数据量，然后将双端 reads 按照重叠碱基连成一条序列，得到所有有效序列，并针对这些有效序列进行后续分析。16S 扩增子测序将数据库 GreenGenes 作为参考，利用 Mothur 软件去除嵌合体序列得到最终可用的序列。ITS 扩增子测序采用 QIIME 软件包中的 USEARCH 8.0 软件进行嵌合体序列的检测及过滤。

### 4. OTU 生成及注释

OTU 是在系统发生分析或群体遗传研究中的一个假定的分类单元，通过一定的距离度量方法计算两个不同序列之间的距离度量或相似性，继而设置特定的分类阈值，获得同一阈值下的距离矩阵，进行聚类操作，形成不同的分类单元。根据 97%的序列相似性水平，利用 QIIME 软件包中的 UCLUST 方法进行 OTU 聚类分析。然后基于 QIIME/UNITE reference OTUs（alpha version 12_11）参考数据库，对每个样品的 OTU 进行物种分类学注释。

### 5. alpha 多样性分析

基于 OTU 表格，计算 alpha 多样性指标，包括丰富度（richness）、多样性指数（diversity index）、稀释曲线（rarefaction curve）和丰度等级曲线（rank abundance curve）。稀释曲线是利用已测得的 ITS rRNA 序列中已知的各种 OTU 的相对比例，来计算抽取 $n$ 个（$n$ 小于测得的 reads 序列总数）reads 时出现 OTU 数量的期望值，然后根据一组 $n$ 值（一般为一组小于总序列数的等差数列）与其相对应的 OTU 数量的期望值（此处采用 chao1 算法估计）进行分析，当曲线趋向平坦时，说明测序数据量合理，更多的数据量只会产生少量新的 OTU，反之则表明继续测序还可能产生较多新的 OTU。

### 6. 物种组成展示分析

根据参考数据库中已有的参考分类（reference taxonomy）将序列进行物种分类，物种分类单元通常分为 5 层，它们依次为门（phylum）、纲（class）、目（order）、科（family）、属（genus），对每个样本和每个物种分类单元进行序列丰度计算，以构建样本与物种分类单元序列丰度矩阵。

7. 菌种鉴定

在 PDA/LB 培养基接种并于 28℃培养箱培养 5 天/24 h。之后，挑取少许菌丝，继续于 PDA/LB 培养基接种纯化。将提取纯化后的 DNA 用通用引物对其 ITS/16S 区域扩增。PCR 扩增体系如表 1 所示。PCR 程序：94℃ 5 min；94℃ 30 s，50℃ 30 s，72℃ 1 min，35 个循环；72℃ 7 min；4℃保存。PCR 产物由生工生物工程(上海)股份有限公司回收纯化和测序。测序结果在 NCBI(https://www.ncbi.nlm.nih.gov/)中的在线 BLAST(https://blast.ncbi.nlm.nih.gov/Blast.cgi)进行比对。

**表 1　PCR 扩增体系**

| 试剂 | 使用量/μL |
| --- | --- |
| dd $H_2O$ | 30 |
| DNA 模板 | 1～2 |
| 2 X EasyTaq SuperMix | 15 |
| PCR Forward Primer(10 μmol/L) | 1.0 |
| PCR Reverse Primer(10 μmol/L) | 1.0 |

## 五、实验结果

(1)样品中真菌物种聚类 OTU 分析(表 2)。

**表 2　真菌物种聚类 OTU 分析**

| 编号 | 序列数 | OTU 物种注释 |
| --- | --- | --- |
| OTU1 | | |
| OTU2 | | |
| OTU3 | | |
| OTU4 | | |

(2)样品中细菌物种聚类 OTU 分析(表 3)。

**表 3　细菌物种聚类 OTU 分析**

| 编号 | 序列数 | OTU 物种注释 |
| --- | --- | --- |
| OTU1 | | |
| OTU2 | | |
| OTU3 | | |
| OTU4 | | |

(3)样品中真菌物种属水平上物种相对丰度柱状图。

(4)样品中细菌物种属水平上物种相对丰度柱状图。

## 六、思考题

(1)提取样品DNA时应该注意哪些问题?
(2)16S和ITS扩增子测序手段能否代替传统的分离鉴定手段?

# 实验二　产脂肪酶菌株的分离筛选

## 一、实验目的

(1)学习从自然环境中分离工业微生物菌株的方法;
(2)熟悉无菌操作技术;
(3)掌握从环境中采集样品并从中分离纯化某种微生物的完整操作步骤;
(4)巩固微生物学实验技术;
(5)掌握脂肪酶活性的测定方法。

## 二、实验原理

脂肪酶是一类特殊酯键水解酶，产脂肪酶的微生物分布广泛，以各类真菌为主；在富含油脂的地方进行采样，以乳化橄榄油为底物，利用稀释平板分离法筛选产脂肪酶菌株。脂肪酶作用于橄榄油乳化液，催化酯键水解，生成脂肪酸。脂肪酸与琼脂中的指示剂(罗丹明或维多利亚蓝)反应，在琼脂平板形成水解圈，根据有无水解酶对脂肪酶活性进行定性分析，利用对硝基苯酚法测定脂肪酶活性，脂肪酶水解棕榈酸对硝基苯酯产生具有颜色的对硝基苯酚，在420 nm波长下测出其吸光度，再对照对硝基苯酚吸光度工作曲线得出脂肪酶活性。

## 三、实验材料和仪器

1. 实验材料

1)培养基

(1)富集培养基：$(NH_4)_2SO_4$ 0.1 g，$K_2HPO_4$ 0.1 g，NaCl 0.05 g，$MgSO_4 \cdot 7H_2O$ 0.01 g，酵母提取物0.2 g，用蒸馏水定容至100 mL，pH自然，121℃灭菌20 min，备用。

(2)油脂同化平板分离培养基：$(NH_4)_2SO_4$ 0.1 g，$K_2HPO_4$ 0.1 g，KCl 0.05 g，$MgSO_4 \cdot 7H_2O$ 0.05 g，$FeSO_4 \cdot 7H_2O$ 0.001 g，琼脂2.5 g，pH自然，取橄榄油与2%的聚乙烯醇(PVA)以1∶3的比例混合，用超声波破碎仪破碎乳化10 min，115℃灭菌30 min后取12 mL加入100 mL上述培养基中。使用时加入0.04%溴甲酚紫1～2 mL作为酸碱指示剂进行倒平板。

(3)三丁酸甘油酯-维多利亚蓝平板筛选培养基：三丁酸甘油酯6.25 mL，3% PVA溶液18.75 mL，1%维多利亚蓝2.5 mL，琼脂粉2.5 g，NaOH-Gly(0.05 mol/L，pH=10.0)缓冲液225 mL加入500 mL三角瓶中，加热溶解琼脂粉，趁热用超声波破碎仪均质5 min，倒平板，静置自然冷却。

2）试剂

（1）橄榄油、三丁酸甘油酯、维多利亚蓝、棕榈酸对硝基苯酯（*p*-NPP）、PVA、0.5%生理盐水、异丙醇、10%三氯乙酸溶液、10% $Na_2CO_3$ 溶液等。

（2）1%的维多利亚蓝溶液：称取 1 g 维多利亚蓝溶于 100 mL 蒸馏水中。

（3）0.04%溴甲酚紫：称取 0.04 g 溴甲酚紫溶于 100 mL 蒸馏水中。

（4）4% PVA 溶液：称取 PVA 4 g，加水 80 mL，在沸水中加热搅拌，直至全部溶解，冷却后定容到 100 mL，以干净的双层纱布过滤，取滤液备用。

（5）PVA-橄榄油乳化液：量取 4% PVA 溶液 15 mL，加橄榄油 5 mL，用超声波破碎仪处理 10 min，即为乳白色 PVA-橄榄油乳化液。该溶液要现配现用，如储存在冰箱中，有效期为一周。

（6）1 mol/L Tris-HCl 缓冲液（pH=8.0）：在 800 mL 水中溶解 121.1 g Tris 碱，加入浓 HCl 调 pH 至 8，加蒸馏水定容至 1 L，分装后高压灭菌。使用时用蒸馏水稀释至适当浓度即可。

## 2. 实验仪器

烧杯、玻璃棒、锥形瓶、试管、平板、接种环、制备乳化状态的针筒、超净工作台、精密分析天平、高压蒸汽灭菌锅、可见光分光光度计、台式高速冷冻离心机、摇床、超声波破碎仪、水浴锅等。

# 四、实验内容

## 1. 工艺流程

土样采集→富集培养→分离筛选（透明圈法、变色圈法）→复筛（摇瓶发酵）→分光光度法酶活性测定→菌种保藏。

## 2. 土样分离与富集培养

取土样 4.5 g 加入 50 mL 已灭菌的 0.5%生理盐水中，30℃摇床振荡悬浮，静置 30 min，取 1 mL 上清液加入 100 mL 富集培养基中，将加入土样的一个富集培养基三角瓶放在 18～20℃、200 r/min 的摇瓶中，培养 2～4 天，然后取 1 mL 培养液移入另一支装有二次富集培养基的三角瓶中，在相同的条件下重复培养一次。

## 3. 产脂肪酶菌的初筛

富集培养液用无菌水梯度稀释，取 0.1 mL 菌液涂布于分离平板上进行初筛，在 30℃条件下培养 5～7 天。产脂肪酶的微生物生成的菌落周围有透明圈。依据产生透明圈的先后和透明圈直径与菌落直径比值的大小分离出脂肪酶活性高且产脂肪酶周期短的菌株，直径比大的菌落表明水解脂肪酶的能力强（记录至表 1）。将直径比较大的菌落挑出，保存在斜面培养基上。将这些菌株液体培养 48 h 后，取 50 μL 的培养液上清液加入三丁酸甘油酯-维多利亚蓝检测平板的小孔中，37℃保温 48 h 进行酶解反应，依据培养平板上形成的降解圈大小再次进行菌种筛选，结果记录在表 1。

4. 复筛(摇瓶发酵)

将一环斜面培养的高产脂肪酶菌株接入液体种子培养基中，200 r/min、28℃摇床培养 1～2 天进行活化，再取 1 mL 转接到 50 mL 的液体培养基中，200 r/min、28℃摇床培养 48 h，将菌体培养液 10000 r/min 离心 10 min，上清液记为培养上清，并将菌体重悬于 50 mmol/L Tris-HCl 缓冲液(pH=8.0)中，用超声波破碎仪破碎细胞(10 s/次，间隔 15 s，共破碎 10 次)，15000 r/min、4℃离心 30 min，此上清液记为破碎上清，即得到粗酶液，供测试分析。

5. 分光光度法酶活性测定

底物溶液 A：90 mg 棕榈酸对硝基苯酯(*p*-NPP)溶于 30 mL 异丙醇；缓冲液 B：50 mmol/L Tris-HCl(pH=8.0)。取 2 个试管，分别是对照管和样品管。向两个试管中各加入缓冲液 B 1.8 mL 及底物溶液 A 0.1 mL，37℃水浴保温 5 min，然后在对照管中加入已灭活的酶液 0.1 mL，在样品管中加入酶液 0.1 mL，立即混匀计时，在水浴中准确反应 10 min 后加入 0.5 mL 10%三氯乙酸溶液终止反应，再加入 0.5 mL 10% $Na_2CO_3$ 溶液显色。分光光度计 420 nm 下测定酶催化产生的对硝基苯酚的吸光度值。脂肪酶 1 个酶活性单位的定义如下：在 pH=8.0、37℃条件下，每分钟释放 1 μmol 对硝基苯酚所需的酶量。

## 五、实验结果

1. 取样环境情况

地点一：
地点二：
地点三：

2. 绘制透明圈

**表 1　不同地点脂肪酶产生菌的初筛**

| 项目 | 地点一 | | | 地点二 | | | 地点三 | | |
|---|---|---|---|---|---|---|---|---|---|
| 产酶菌落数/个 | | | | | | | | | |
| 比透明圈 | | | | | | | | | |

注：比透明圈=透明圈直径(mm)/菌落直径(mm)

## 六、注意事项

(1)由于反应体系中存在缓冲液的缓冲作用，因此直接滴定法的合理性常令人怀疑，更容易给科研人员造成困扰，而且直接滴定法的稳定性一般不是十分理想。

(2)三丁酸甘油酯和三油酸甘油酯作为底物时，脂肪酶活性检测的结果比较稳定，但是由于三丁酸甘油酯和三油酸甘油酯价格比较昂贵，因此使用的人很少。

(3)辛酸对硝基苯酚酯的水解速度比较快，因此检测脂肪酶活性时误差比较大；而乙酸对硝基苯酚酯水解的速度比较缓慢，因此实验误差相对较小。但是辛酸对硝基苯酚酯和乙酸对硝基苯酚酯都不是脂肪酶的天然底物，一般认为不适合作为脂肪酶活性检测的底物，尤其是以乙酸对硝基苯酚酯作为底物，其检测的活性作为酯酶活性似乎更合理一些。

(4)本实验筛选得到的野生菌株产胞外脂肪酶活性较小，可以采用对传统的直接酸碱滴定法加以改进的方法来检测脂肪酶活性。

## 七、思考题

(1)从不同地点获得的土样中脂肪酶生产菌株的筛选结果为什么会出现差异？

(2)本实验可初步得出什么样的结论？

# 实验三　乳酸菌的分离筛选及鉴定

## 一、实验目的

(1)学习微生物菌种分离技术；

(2)了解和掌握乳酸菌的菌种特性；

(3)学习从新鲜酸奶中分离纯化乳酸菌的方法；

(4)学习乳酸的检测方法。

## 二、实验原理

选择适合于待分离微生物的生长条件，形成只利于该微生物生长而抑制其他微生物生长的环境，从而淘汰一些不需要的微生物，加入某种指示剂，使待分离微生物在培养基中形成具有明显特征的菌落。

微生物在固体培养基上生长形成单个菌落，挑取菌落平板划线获得纯培养。通过吲哚试验、糖发酵试验及小型发酵试验证明该菌种为乳酸菌，杆状的叫作短乳杆菌，链球状的叫作乳链球菌。

## 三、实验材料和仪器

### 1. 实验材料

(1)菌种来源：市场销售的各种新鲜酸奶。

(2)培养基：

①BCG 牛乳培养基：

(A)溶液：脱脂乳粉 100 g，水 500 mL，加入 1.6%溴甲酚绿(BCG)乙醇溶液 1 mL，80℃灭菌 20 min；

(B)溶液：酵母膏 10 g，水 500 mL，琼脂 20 g，pH=6.8，121℃灭菌 20 min。

在无菌条件下趁热将(A)、(B)溶液混合均匀后倒平板。

②乳酸菌(MRS)培养基：牛肉膏 5 g，酵母膏 5 g，蛋白胨 10 g，葡萄糖 10 g，乳糖 5 g，氯化钠 5 g，水 1000 mL，pH=6.8，1.6%溴甲酚绿。

③蛋白胨水培养基：蛋白胨 10 g，氯化钠 5 g，水 1000 mL，pH=7.6。

④糖发酵培养基：蛋白胨水培养基 1000 mL，1.6%溴甲酚紫乙醇溶液 1～2 mL，pH=7.6，另配 20%葡萄糖溶液和 20%蔗糖溶液各 10 mL。

将上述含指示剂的蛋白胨水培养基(pH=7.6)分装于试管中，在每管内放一倒置的小玻璃管。

将已分装好的蛋白胨水培养基和 20%的各种糖溶液分别灭菌，蛋白胨水培养基 121℃灭菌 20 min，糖溶液 112℃灭菌 30 min。

灭菌后，每管以无菌操作分别加入 20%的糖溶液(按每 10 mL 培养基中加入 20%的糖溶液 0.5 mL)，则成 1%的浓度。

(3) 试剂：

①1.6%溴甲酚紫乙醇溶液：溴甲酚紫 1.6 g 溶于 100 mL 95%乙醇中，储存于棕色瓶中保存备用。

②吲哚试剂：将 8 g 对二甲基氨基苯甲醛溶解于 760 mL 95%乙醇中，然后缓慢加入浓盐酸 160 mL。

③2%高锰酸钾：避光处称取 2.0 g 高锰酸钾，加水 100 mL 溶解，混匀。

④含氨的硝酸盐溶液：称取硝酸银 2 g，加蒸馏水 100 mL，待硝酸银溶解后，取出 10 mL 备用，向剩余的 90 mL 硝酸银中滴加氨水，即可形成很厚的沉淀；继续滴加氨水至沉淀刚刚溶解成为澄清溶液为止；再将备用的硝酸银慢慢滴入，则溶液出现薄雾，但轻轻摇动后，薄雾状的沉淀又消失；继续滴入硝酸银，直到摇动后仍呈现轻微而稳定的薄雾状沉淀为止。

### 2. 实验仪器

恒温箱、高压蒸汽灭菌锅、水浴锅、培养皿、试管、涂布器、酒精灯等。

## 四、实验内容

### 1. 稀释分离

(1) 培养基的配制；
(2) 灭菌；
(3) 倒平板；
(4) 制备样品稀释液(图 1)；
(5) 接种(涂布法)；
(6) 培养。

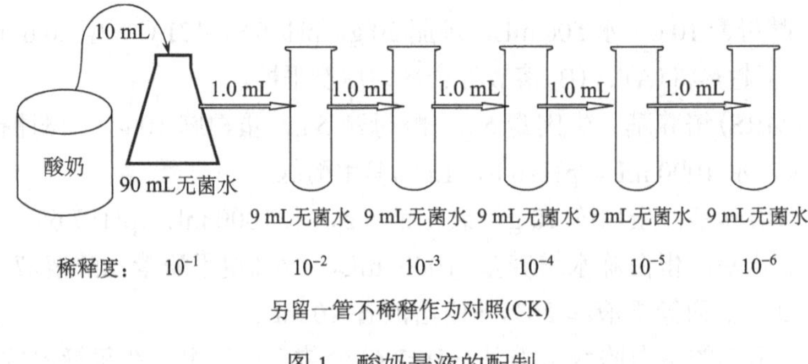


图 1　酸奶悬液的配制

取市售新鲜酸奶稀释至 $10^{-6}$，取其中 $10^{-4}$、$10^{-5}$、$10^{-6}$ 这 3 个稀释度的稀释液各 0.2 mL，分别接入 BCG 牛乳培养基琼脂平板上，用无菌玻璃涂布器依次涂布，置 40℃培养 48 h，如出现圆形稍扁平的黄色菌落及其周围培养基变黄者，初步定为乳酸菌，结果记录在实验结果部分。

2. 划线分离

挑取单菌落平板划线，置 40℃培养 48 h，挑选出乳酸菌连续进行 6 次以上的传代，以达到提纯。

3. 鉴别

1) 吲哚试验

试管标记：取装有蛋白胨培养基的试管 *n*+1 支，分别标记 *n* 支乳酸菌和 1 支空白对照。

接种培养：以无菌操作分别接种少量菌苔到标记乳酸菌的试管中，标记有空白对照的不接种，置 37℃恒温箱中培养 24～48 h。

观察记录：在培养基中加入乙醚 1～2 mL，经充分振荡，使吲哚萃取至乙醚中，静置片刻后乙醚层浮于培养液的上面，此时沿管壁缓慢加入 5～10 滴吲哚试剂。如有吲哚存在，乙醚层呈玫瑰色，此为吲哚试验阳性反应，否则为阴性反应。

2) 糖发酵试验

试管标记：取分别装有葡萄糖、蔗糖发酵培养液的试管各 *n*+1 支，每种糖发酵试管中分别标记 *n* 支乳酸菌和 1 支空白对照。

接种培养：以无菌操作分别接种少量菌苔至以上各相应试管中，每种糖发酵培养液的空白对照均不接种。将装有培养液的杜氏小管倒置于试管中，置 37℃恒温培养箱中培养 24 h，观察结果。

观察记录：与对照管比较，若接种培养液保持原有颜色，其结果为阴性；如果培养液呈黄色，其结果为阳性。培养液中的杜氏小管内有气泡为阳性反应，杜氏小管内没有气泡为阴性反应。

3) 乳酸的检测

选用已经分离的菌种做小型发酵实验，取发酵液的上清液约 10 mL 于试管中，加入 10%硫酸 1 mL，再加入 2%高锰酸钾 1 mL，此时乳酸转化为乙醛，把事先在含氨的硝酸银溶液中浸泡的滤纸条搭在试管口上，微火加热试管至沸，观察滤纸变化。

4. 鉴定

在 MRS 培养基接种并于 37℃培养箱培养 24 h。之后，挑取少许菌，继续于 MRS 培养基接种纯化。将提取纯化后的 DNA 用通用引物对其 16S 区域扩增。PCR 扩增体系如表 1 所示。PCR 程序：94℃ 5 min；94℃ 30 s，50℃ 30 s，72℃ 1 min，35 个循环；72℃ 7 min；4℃保存。PCR 产物由生工生物工程(上海)股份有限公司回收纯化和测序。测序结果在 NCBI(https://www.ncbi.nlm.nih.gov/)中的在线 BLAST(https://blast.ncbi.nlm.nih.gov/Blast.cgi)进行比对。

**表 1　PCR 扩增体系**

| 试剂 | 使用量/μL |
|---|---|
| dd $H_2O$ | 30 |
| DNA 模板 | 1～2 |
| 2 X EasyTaq SuperMix | 15 |
| PCR Forward Primer(10 μmol/L) | 1.0 |
| PCR Reverse Primer(10 μmol/L) | 1.0 |

## 五、实验结果

将实验内容稀释分离部分相关结果记录在表 2。

**表 2　乳酸菌的分离初筛**

| 稀释度 | $10^{-4}$ | | | $10^{-5}$ | | | $10^{-6}$ | | | CK 对照 | | |
|---|---|---|---|---|---|---|---|---|---|---|---|---|
| 平板 | 1 | 2 | 3 | 1 | 2 | 3 | 1 | 2 | 3 | 1 | 2 | 3 |
| 菌落数/(个/皿) | | | | | | | | | | | | |
| 各浓度平均菌落数/(个/皿) | | | | | | | | | | | | |
| 平均菌落数(减去 CK 后)/(个/皿) | | | | | | | | | | | | |

## 六、注意事项

采用 BCG 牛乳培养基琼脂平板筛选乳酸菌时，注意挑取典型特征的黄色菌落，结合镜检观察，有利于高效分离筛选乳酸菌。

## 七、思考题

(1)乳酸菌有何菌种特性？

(2)发酵酸奶为什么能引起凝乳？

(3)请说明酸奶常用菌种保加利亚乳杆菌和嗜热链球菌的分类。

# 实验四　酵母菌的分离筛选及鉴定

## 一、实验目的

(1) 通过酒母中酵母的筛选实验，熟悉微生物分离纯化、微生物接种操作实验；
(2) 熟悉产酒精酵母的 TTC 显色平板等性能筛选实验。

## 二、实验原理

### 1. 基本思想

酵母菌常见于糖分比较高的环境中，如菜园土、果园土及果皮等的表面。多数酵母菌喜欢偏酸条件，最适 pH 为 4.5～6.0。酵母菌生长迅速，且容易分离培养。在液体培养基中酵母菌比霉菌生长快，利用酸性条件可以抑制细菌的生长。因此，常用酸性液体培养基获得酵母菌的加富培养，然后在固体培养基上划线分离纯化。

### 2. 基本路线

采样→稀释→接种→鉴定→纯化→保藏菌种。

## 三、实验材料和仪器

### 1. 实验材料

(1) 培养基：YPDS 固体培养基、YPD 液体培养基、MEB 培养基、TTC 显色培养基。
(2) 试剂：酵母膏、蛋白胨、葡萄糖、琼脂粉、脱氧胆酸钠、麦芽浸膏、TTC。

### 2. 实验仪器

灭菌锅、恒温培养箱、厌氧培养箱、移液管、涂布器、接种环、平板、三角瓶、试管(15 mm×150 mm)、硅胶塞、杜氏小管、纱布、报纸等。

## 四、实验内容

### 1. 培养基的配制

(1) YPDS 固体培养基(1 L)：称取酵母膏 10 g、蛋白胨 20 g、葡萄糖 20 g 溶于 1 L 水中，分装到三角瓶中后加入 2%琼脂粉，115℃灭菌 20 min(注：为抑制霉菌菌丝的生长，可在培养基中加入 0.5%～1%的脱氧胆酸钠)。
(2) YPD 液体培养基(1 L)：按 YPDS 配方配制，不加琼脂，121℃灭菌 20 min。
(3) MEB 培养基(1 L)：称取麦芽浸膏 30 g，溶于 1 L 蒸馏水中，121℃灭菌 20 min。
(4) TTC 显色培养基：每 100 mL YPDS 固体培养基中加入 0.05 g TTC。

## 2. 酵母的分离纯化

### 1)梯度稀释

将酒样混匀后取 1 mL 加入 9 mL 无菌水(或生理盐水)中制成 $10^{-1}$ 浓度梯度；之后从中取出 1 mL 再加入 9 mL 无菌水中，浓度梯度为 $10^{-2}$；依次类推，分别制得 $10^{-3}$、$10^{-4}$、$10^{-5}$、$10^{-6}$ 不同稀释度的菌液(图 1)。

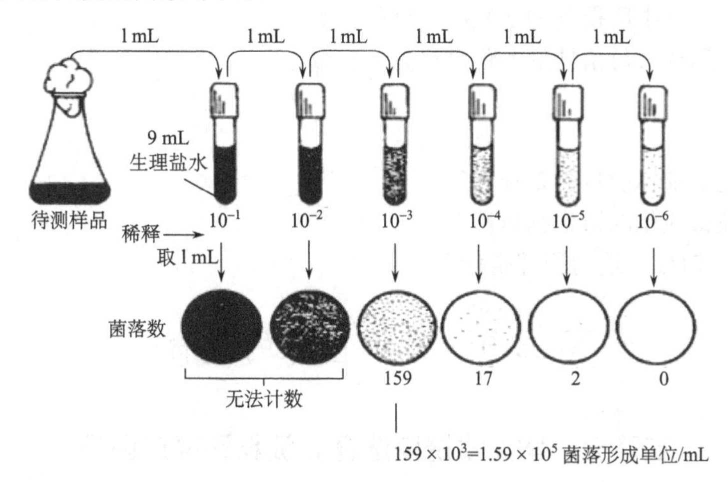


图 1 酒样梯度稀释

### 2)涂布

将稀释得到的 $10^{-2}$、$10^{-3}$、$10^{-4}$ 三个稀释度的菌液取 0.5 mL 到预先倒好的 TTC 显色培养基平板中，沿一个方向均匀地进行涂布，然后将涂布好的平板用报纸包好避光培养，倒置于恒温厌氧培养箱中 28℃培养 2～3 天。

## 3. 鉴定

在 YPDS 固体培养基接种并于 28℃培养箱培养。挑取少许菌，继续于 YPDS 固体培养基接种纯化。将提取纯化后的 DNA 用通用引物对其 ITS 区域扩增。PCR 扩增体系如表 1 所示。PCR 程序：94℃ 5 min；94℃ 30 s，50℃ 30 s，72℃ 1 min，35 个循环；72℃ 7 min；4℃保存。PCR 产物由生工生物工程(上海)股份有限公司回收纯化和测序。测序结果在 NCBI(https://www.ncbi.nlm.nih.gov/)中的在线 BLAST(https://blast.ncbi.nlm.nih.gov/Blast.cgi)进行比对。

**表 1 PCR 扩增体系**

| 试剂 | 使用量/μL |
|---|---|
| dd $H_2O$ | 30 |
| DNA 模板 | 1～2 |
| 2 X EasyTaq SuperMix | 15 |
| PCR Forward Primer(10 μmol/L) | 1.0 |
| PCR Reverse Primer(10 μmol/L) | 1.0 |

4. 酵母的保藏

将划线纯化后的酵母菌株接种在 YPDS 固体培养基斜面试管上，用记号笔写上接种的菌名、日期和接种者，28℃培养 1～2 天，培养好后放置于 4℃冰箱保存。

## 五、实验结果

(1) 对实验过程中所得到的实验结果进行拍照。

(2) 记录所筛选酵母菌株的颜色分级并进行编号。

## 六、思考题

(1) 涂布之前稀释的目的是什么？

(2) 如何获得纯化的微生物菌株？

(3) 酵母菌 TTC 筛选的原理是什么？

# 第二节 发酵菌株的选育

## 实验五 紫外线诱变选育 *α*-淀粉酶高产菌株

### 一、实验目的

(1) 学习菌种的物理诱变育种基本技术；

(2) 通过诱变技术筛选出 *α*-淀粉酶高产菌株。

### 二、实验原理

紫外线是一种常用的物理诱变因素，主要是通过引起 DNA 结构的改变而形成突变型。一般采用 15 W 或 30 W 紫外线灯，照射距离为 20～30 cm，照射时间依菌种而异，一般为 1～3 min，死亡率一般控制在 50%～80%。被照射处理的微生物需呈均匀分散的悬浮液状态，以利于均匀接触诱变剂。本实验用紫外线处理产淀粉酶的枯草芽孢杆菌，通过透明圈法初筛，最终选出高活性淀粉酶的生产菌株。

### 三、实验材料和仪器

1. 实验材料

(1) 菌种：产淀粉酶枯草芽孢杆菌。

(2) 培养基：

①选择培养基：可溶性淀粉 2 g，牛肉膏 1 g，NaCl 0.5 g，琼脂 2 g，蒸馏水 100 mL，pH=6.8～7.0，121℃灭菌 20 min。

②肉汤培养基：牛肉膏 0.5 g，蛋白胨 1 g，NaCl 0.5 g，蒸馏水 100 mL，pH=7.2～7.4，121℃灭菌 20 min。

(3) 试剂：①无菌水、75%乙醇；②0.5%碘液：碘片 1 g、碘化钾 2 g、蒸馏水 200 mL，

先将碘化钾溶解在少量水中，再将碘片溶解在碘化钾溶液中，待碘片全部溶解后，加足水即可。

2. 实验仪器

装有 15 W 或 30 W 紫外线灯的超净工作台、磁力搅拌器(含转子)、恒温摇床、培养箱、离心机、培养皿、涂布器、10 mL 离心管、吸管(1 mL、5 mL、10 mL)、250 mL 三角瓶、直尺、棉签、橡皮手套、洗耳球等。

## 四、实验内容

(1)菌体培养：取新鲜制备的枯草芽孢杆菌斜面，挑取新鲜菌落接种于盛有 20 mL 肉汤培养基的 250 mL 三角瓶中，于 37℃振荡培养 12 h，即得对数期的菌种。

(2)菌悬液的制备：取 5 mL 发酵液置于 10 mL 离心管中，3000 r/min 离心 10 min，去除上清液。加入无菌水 9 mL，振荡洗涤，离心 10 min，去除上清液。加入无菌水 9 mL，振荡均匀。

(3)诱变处理：将菌悬液置于无菌培养皿中，采用磁力搅拌器搅拌，在超净工作台紫外线灯下(距离 30 cm)照射 0.5～1 min。

(4)取 0.1～0.2 mL 诱变后菌悬液于选择培养基平板上，用涂布器涂匀，置 37℃暗箱培养 48 h。

(5)在长出菌落的周围滴加碘液，观察并测定透明圈直径($C$)和菌落直径($H$)，挑选 $C/H$ 值最大者接入斜面保藏。

## 五、实验结果

实验数据记录见表 1 和表 2。

**表 1　诱变后平皿上长出菌落计数**

<table>
<tr><th rowspan="2">诱变剂</th><th rowspan="2">处理时间/min</th><th colspan="3">稀释倍数</th><th rowspan="2">存活率/%</th><th rowspan="2">致死率/%</th></tr>
<tr><th>$10^{-4}$</th><th>$10^{-5}$</th><th>$10^{-6}$</th></tr>
<tr><td rowspan="3">紫外线</td><td>0(对照)</td><td></td><td></td><td></td><td></td><td></td></tr>
<tr><td>1</td><td></td><td></td><td></td><td></td><td></td></tr>
<tr><td>2</td><td></td><td></td><td></td><td></td><td></td></tr>
</table>

**表 2　筛选数据记录**

<table>
<tr><th rowspan="3">结果处理</th><th colspan="18">透明圈和菌落直径大小(单位：mm)及其 $C/H$ 值</th></tr>
<tr><th colspan="3">1</th><th colspan="3">2</th><th colspan="3">3</th><th colspan="3">4</th><th colspan="3">5</th><th colspan="3">6</th></tr>
<tr><th>透明圈</th><th>菌落</th><th>$C/H$ 值</th><th>透明圈</th><th>菌落</th><th>$C/H$ 值</th><th>透明圈</th><th>菌落</th><th>$C/H$ 值</th><th>透明圈</th><th>菌落</th><th>$C/H$ 值</th><th>透明圈</th><th>菌落</th><th>$C/H$ 值</th><th>透明圈</th><th>菌落</th><th>$C/H$ 值</th></tr>
<tr><td>紫外线处理</td><td></td><td></td><td></td><td></td><td></td><td></td><td></td><td></td><td></td><td></td><td></td><td></td><td></td><td></td><td></td><td></td><td></td><td></td></tr>
<tr><td>对照</td><td></td><td></td><td></td><td></td><td></td><td></td><td></td><td></td><td></td><td></td><td></td><td></td><td></td><td></td><td></td><td></td><td></td><td></td></tr>
</table>

## 六、注意事项

(1) 紫外线对人的眼睛和皮肤有伤害，长时间与紫外线接触会造成灼伤，故操作时要戴防护眼镜，操作尽量控制在防护罩内。

(2) 空气在紫外线灯照射下，会产生臭氧，臭氧也有杀菌作用。臭氧含量过高，会引起人不舒服，同时也会影响菌体的成活率。臭氧在空气中的含量不能超过 1%。

## 七、思考题

(1) 利用紫外线诱变育种应考虑哪些因素？

(2) 经紫外线处理后的操作和培养为什么要在暗处或红光下进行？

(3) 为什么诱变育种后要挑选 $C/H$ 值最大者接入斜面保藏？

# 实验六　微 波 诱 变

## 一、实验目的

掌握微波诱变的原理和方法。

## 二、实验原理

微波是一种高频电磁波，使得水、脂肪、蛋白质、核酸和糖类等极性分子快速振动。2450 MHz 频率下，在 1 s 内水分子 180°来回振动 $2.45\times10^9$ 次。这种振动引起细胞内 DNA 分子间强烈摩擦，DNA 分子氢键和碱基堆积力受损，使 DNA 结构发生变化，进而导致遗传变异；微波具有极强的穿透力，能引起细胞壁分子间强烈振动和摩擦，改变其通透性，使细胞内含物迅速向胞外渗透。究竟是微波辐射直接作用于微生物 DNA 引起变异，还是其穿透力使细胞壁通透性增加，导致核质变换而引起突变，目前尚不明确。

通常认为，诱变致死率只与诱变剂量有关，而在微波诱变中发现单孢子悬液水浴辐照处理 180 s 致死率达 95%以上，因此认为致死率不仅受辐照剂量的影响，而且受瞬时强烈热效应的影响。直接辐射，微波引起分子间强烈振动和摩擦产生热能，导致微生物在接受足够损伤造成突变的照射量之前，由于蛋白质变性，孢子死亡，致死率增大。

## 三、实验材料和仪器

### 1. 实验材料

(1) 菌株：地衣芽孢杆菌，斜面保存。

(2) 培养基(分离培养基)：蛋白胨 5 g，牛肉膏 10 g，酪蛋白 10 g，NaCl 5 g，琼脂 15 g，蒸馏水定容至 1 L，pH=7.0～7.2。

(3) 试剂：无菌生理盐水。

### 2. 实验仪器

恒温培养箱、微波炉、摇床、培养皿、移液管、锥形瓶、玻璃涂布棒、直尺、玻璃珠等。

## 四、实验内容

(1) 对要诱变的菌株进行种子培养，将斜面在无菌操作下用接种环接种于新鲜的斜面，30℃培养 24 h，长满菌苔后于 4℃保存备用。

(2) 取菌种斜面，倒入 10 mL 0.9%无菌生理盐水，用无菌接种针洗下孢子，置于无菌的盛有玻璃珠的锥形瓶中。210 r/min 摇床上振荡培养 30 min，使孢子活化和分散，用无菌孢子过滤器过滤，再用生理盐水将孢子稀释到 10 个/mL，单孢子悬液备用。吸取 10 mL 制得的单孢子悬液，注入底部平整的培养皿中。

(3) 调微波炉功率为 700 W，脉冲频率为 2450 MHz。进行辐照处理 10 s、20 s(一般小于 1 min)，然后分别从每个培养皿中取出 0.5 mL 菌悬液，适当稀释，得到不同稀释度的菌悬液。

(4) 吸取上述稀释后的菌悬液 0.1 mL，涂布于分离培养基平板，置于 30℃恒温培养箱培养 3 天。

(5) 活菌计数，计算致死率，以分离平板上透明圈直径与菌落直径的比值作为筛选结果的标志，并对相关实验数据进行记录。

## 五、实验结果

实验数据记录见表 1 和表 2。

**表 1　诱变后平皿上长出菌落计数**

| 处理时间/s | 稀释倍数 | 每 0.1 mL 菌落数/个 | | | 菌体浓度/(个/mL) | 死亡率/% |
|---|---|---|---|---|---|---|
| | | 1 | 2 | 3 | | |
| 0(对照) | | | | | | |
| | | | | | | |
| 10 | | | | | | |
| | | | | | | |
| 20 | | | | | | |
| | | | | | | |

**表 2　筛选数据记录**

| | 菌落编号 | 透明圈直径 *d*1 | 菌落直径 *d*2 | *d*1∶*d*2 | 正突变率/% |
|---|---|---|---|---|---|
| 对照 | 1 | | | | |
| | 2 | | | | |
| | 3 | | | | |
| | 4 | | | | |
| | 平均 | | | | |

续表

| | 菌落编号 | 透明圈直径 $d1$ | 菌落直径 $d2$ | $d1:d2$ | 正突变率/% |
|---|---|---|---|---|---|
| 诱变 10 s | 1 | | | | |
| | 2 | | | | |
| | 3 | | | | |
| | 4 | | | | |
| | 平均 | | | | |
| 诱变 20 s | 1 | | | | |
| | 2 | | | | |
| | 3 | | | | |
| | 4 | | | | |
| | 平均 | | | | |

## 六、思考题

(1)微波诱变的内在机制是什么？

(2)微波诱变中需要注意的事项有哪些？

# 实验七　亚硝基胍诱变

## 一、实验目的

掌握菌种化学诱变的原理和方法。

## 二、实验原理

烷化剂是一类相当有效的化学诱变剂，这类诱变剂具有 1 个或多个活性烷基，活性烷基易取代 DNA 分子中活泼的氢原子，使 DNA 分子上的碱基及磷酸部分烷基化，导致 DNA 复制中碱基配对错误而引起突变。

亚硝基胍(nitrosoguanidine，NTG)属烷化剂，是一种公认的超诱变剂，可以在较小的致死率对应的剂量处理后获得较大的突变幅度及突变率，对于细菌、酵母菌、黑曲霉、天蓝色链霉菌的诱变效果尤为显著。

## 三、实验材料和仪器

### 1. 实验材料

(1)菌株：黑曲霉(产糖化酶)或米曲霉(产蛋白酶)，斜面保存。

(2)培养基(分离培养基)：蛋白胨 5 g，牛肉膏 10 g，酪蛋白 10 g，NaCl 5 g，琼脂 15 g，蒸馏水定容至 1 L，pH=7.0～7.2。

(3)试剂：亚硝基胍、0.1 mol/L 磷酸盐缓冲液(pH=6.0)、无菌水。

2. 实验仪器

培养箱、分析天平、摇床、滤纸、漏斗、试管、培养皿等。

## 四、实验内容

(1)单孢子菌液的制备：单孢子斜面加入 10 mL 的磷酸盐缓冲液(pH=6.0)，转入带有玻璃珠的锥形瓶内，摇床振荡 20 min，孢子过滤器过滤，得孢子悬浮液，即为单孢子菌液。

(2)亚硝基胍溶液配制：称取亚硝基胍结晶 10 mg，加入助溶剂甲醇或甲酸铵 0.05 mL 使其完全溶解，加入 pH=6.0 的磷酸盐缓冲液，配成 4 mg/mL 的原液。

(3)诱变处理：吸取亚硝基胍溶液 1 mL，加入 1 mL 单孢子菌液，30℃振荡培养 30 min。以 2500 r/min 离心 10 min 去除上清液，加入 1 mL 磷酸盐缓冲液洗涤一次，同样条件下离心去上清液，在离心管中加入 1 mL 无菌生理盐水。然后以 $10^{-2}$、$10^{-4}$ 稀释，不同浓度各取 0.1 mL 涂平板，30℃培养 3 天后进行菌落计数。

(4)死亡率计算：将未处理单孢子菌液 1 mL 用生理盐水逐级稀释分离。不同浓度各取 0.1 mL 涂平板，30℃条件下培养 3 天后计数，根据处理前后的活孢子数计算死亡率。

(5)挑取菌落进行糖化酶或蛋白酶产量的筛选。

## 五、实验结果

实验数据记录见表 1。

**表 1　诱变后平皿上长出菌落计数**

| 诱变时间/min | 稀释倍数 | 每 0.1 mL 菌落数/个 | | | 菌体浓度/(个/mL) | 死亡率/% |
|---|---|---|---|---|---|---|
| | | 1 | 2 | 3 | | |
| 0(对照) | | | | | | |
| | | | | | | |
| 30 | | | | | | |
| | | | | | | |

## 六、思考题

(1)亚硝基胍的诱变原理是什么？

(2)如何终止亚硝基胍的诱变作用？

# 实验八　高通量诱变筛选

## 一、实验目的

(1)了解高通量筛选的原理和意义；

(2)熟悉高通量诱变筛选的操作步骤。

## 二、实验原理

诱变育种过程中，突变是随机的，产生高产突变菌株的频率很低。初筛的菌株越多，越有可能筛选到优良菌株，因此扩大筛选量是提高育种效率的一个重要方面。近些年来，采用微孔板培养微生物及建立产物的测定方法，为实现菌种高通量筛选提供了可能。相对于琼脂平板扩散法，微孔板体系的菌株筛选方法具有很大的优势。首先，微孔板筛选体系具有微型化的特点，可同时处理多个样品，大大节省人力、物力及时间。其次，高通量检测仪的出现，实现了对大量样品快速而准确的检测。最后，微孔板液体培养能很好地模拟摇瓶液体发酵，每个微型孔相当于一个摇瓶，两者有很好的相似性；而琼脂平板扩散法中采用固体培养方法，与液体培养存在很大的差异，易造成漏筛。

## 三、实验材料和仪器

1. 实验材料

(1)菌株：多黏类芽孢杆菌(*Paenibacillus polymyxa*)，大肠杆菌(*Escherichia coli*)。

(2)培养基：

①基础筛选培养基：葡萄糖 5 g，酵母粉 1 g，牛肉粉 1 g，$KH_2PO_4$ 0.1g，NaCl 0.5 g，$MgSO_4$ 0.01 g，琼脂 15 g，蒸馏水 1000 mL。

②斜面培养基：葡萄糖 1 g，$(NH_4)_2SO_4$ 1 g，柠檬酸钠 1 g，$KH_2PO_4$ 1 g，$MgSO_4$ 0.125 g，琼脂 15 g，蒸馏水 1000 mL。

③种子培养基：葡萄糖 25 g，酵母粉 5 g，牛肉粉 5 g，$KH_2PO_4$ 0.8 g，NaCl 2.5 g，$K_3PO_4$ 0.8 g，$MgSO_4$ 0.01g，琼脂 15 g，蒸馏水 1000 mL。

④发酵培养基：可溶性淀粉 50 g，葡萄糖 15 g，$KH_2PO_4$ 0.8 g，NaCl 1.0 g，$MgSO_4$ 0.25 g，$CaCO_3$ 10 g，琼脂 15 g，蒸馏水 1000 mL。

⑤MH 培养基：Mueller Hinton 培养基。

(A)基础培养基。成分：牛肉粉 60 g，酪蛋白酶解物 17.5 g，可溶性淀粉 1.5 g，琼脂 8.0～18.0 g，蒸馏水 1000 mL。

制法：将基础培养基成分溶解于水中，煮沸，分装于合适的锥形瓶中，121℃高压蒸汽灭菌 15 min。

(B)完全培养基。

成分：基础培养基 1000 mL，无菌脱纤维绵羊血 50 mL。

制法：当基础培养基约为 45℃时，加入无菌脱纤维绵羊血，混匀。根据需要，将完全培养基的 pH 调至 7.2±0.2(25℃)。倾注约 15 mL 于灭菌平板中，静置至培养基凝固。使用前需预先干燥平板。可将平板盖打开，使培养基面朝下，置于干燥箱中约 30 min，直到琼脂表面干燥。预先制备的平板未干燥时在室温放置不超过 4 h，或在 4℃左右冷藏不得超过 7 天。

(3)试剂：磷酸盐缓冲液(0.1 mol/L，pH=6.0)、亚硝基胍(0.5 mg/mL)和多黏菌素 E 标准品等。

2. 实验仪器

离心机、微孔板摇床、微孔板分光光度计、12 孔道排枪、玻璃涂布棒、摇瓶等。

## 四、实验内容

(1)诱变育种：按照亚硝基胍诱变的步骤进行。将稀释的菌液涂布于含 0.5 g/L 多黏菌素 E 标准品的基础筛选平板上，于恒温培养箱中 30℃培养 30 h。

(2)96 微孔板培养：无菌 96 微孔板中各孔分别加入 200 μL 斜面培养基，凝固后，将诱变平板上长出的单菌落转接于各孔中，30℃恒温培养 24 h。将 96 微孔板上长出的单菌落转接到各孔装有 500 μL 发酵培养基的 96 微孔板上，30℃、300 r/min 培养 32 h，同时将原 96 微孔板上的菌落转接到另一 96 微孔板上，同样条件下培养留作备份。无菌条件下，将发酵液 4800 r/min 离心 10 min，得到上清液。

(3)96 微孔板生物测定：96 微孔板中各加入 5 μL 发酵上清液。在每块孔板的空白对照孔中加入 300 μL MH 培养基，生长对照孔中加入 300 μL 大肠杆菌悬液。37℃、200 r/min 培养 12 h 后，测定 600 nm 下各孔培养液的吸光度值。以触发菌株培养液的抑菌活性为参照，筛选阳性突变菌株。

(4)复筛：依据初筛结果，从备份孔板上挑取高产单菌落接种至新鲜斜面上，然后接种至种子培养基，待种子长至对数生长期(24 h 左右)时，按照接种量 10%，接入装有 50 mL 发酵培养基的 250 mL 摇瓶中。30℃、300 r/min 培养 32 h，采用高效液相色谱法进行产量测定。

## 五、实验结果

每株菌株的多黏菌素产量。

## 六、思考题

简述高通量筛选对菌种选育的意义。

# 实验九　发酵菌株的离子束诱变

## 一、实验目的

(1)观察低能离子束对铜绿假单胞菌的诱变效应；
(2)初步掌握物理因素诱变育种程序和方法。

## 二、实验原理

离子注入法是利用离子注入设备产生高能离子束(40～60 keV)，并注入生物体引起遗传物质的永久改变，然后从变异菌株中选育优良菌株的方法。

离子注入时，生物分子吸收能量，并引起复杂的物理和化学变化，这些变化的中间体是各类活性自由基，这些自由基可以引起正常生物分子的损伤，可以使细胞中的染色体突变，DNA 链断裂，也可以使质粒 DNA 断裂。

## 三、实验材料和仪器

### 1. 实验材料

(1) 菌株：铜绿假单胞菌，斜面保存。

(2) 培养基：营养肉汤培养基、营养琼脂平板和血平板。

### 2. 实验仪器

超净工作台、离子束生物工程装置、培养箱、移液器、培养皿、锥形瓶、配套封口膜、记号笔、移液枪头、离心管、离心管架等。

## 四、实验内容

### 1. 实验准备

对要诱变的菌株进行种子培养，将斜面在无菌操作下用接种环接种于新鲜的斜面，30℃培养 24 h，长满菌苔后于 4℃保存备用。

### 2. 离子束处理

(1) 样品制备：斜面试管中加入 10 mL 0.9%无菌生理盐水，用接种环刮取菌苔，振荡菌液，用生理盐水稀释至相应倍数后，取 0.1 mL 菌悬液涂布于 90 mm 平皿上，置超净工作台吹干获得菌膜。

(2) 离子束注入处理：将吹干后的培养皿打开，培养皿盖置于离子束装置小靶室中，进行注入。菌注入参数：20 keV $N^+$，脉冲式注入，间隔 10 s，每个脉冲 30 个单位，每个单位注入剂量为 $2.5\times10^{13}$ 个/$cm^2$，注入速度约为每秒 2 个单位，靶室真空度约为 $10^{-2}$ Pa，束流 400 mA。注入剂量分别为 0(真空对照)、30 个单位、60 个单位、90 个单位、120 个单位、150 个单位，并做 3 个平行样。

(3) 存活率统计：注入完成后，立即用 1 mL 无菌水冲洗平皿，回收菌体于 1.5 mL 离心管中，稀释一定倍数后，取 0.1 mL 菌液涂布于肉胨平板上，30℃培养 24 h，使用稀释平板计数法统计菌落数。

总菌落数=真空对照的总菌落数×稀释倍数。

## 五、实验结果

### 1. 数据记录

实验数据记录见表 1。

**表 1　诱变后平皿上长出菌落计数**

| 处理剂量 | 稀释倍数 | 总菌落数/(个/0.1 mL) | 平均值/(个/mL) | 存活率/% | 致死率/% | 正突变率/% |
|---|---|---|---|---|---|---|
| 0 | | | | | | |
| 30 | | | | | | |
| 60 | | | | | | |
| 90 | | | | | | |
| 120 | | | | | | |
| 150 | | | | | | |

2. 绘制处理剂量-存活率曲线和处理剂量-突变率曲线

## 六、思考题

(1)本实验中发酵菌株的离子束诱变的最佳剂量为多少？
(2)处理剂量与存活率之间有何关系？处理剂量与突变率之间又有何关系？
(3)低能离子相较于高能离子有何优点？

# 实验十　发酵菌株的原生质体融合育种

## 一、实验目的

(1)了解原生质体融合育种的基本原理；
(2)学习用原生质体融合育种筛选高产菌株的方法。

## 二、实验原理

原生质体融合(protoplast fusion)是指用人工方法，将遗传性状不同的两个菌株的原生质体融合在一起，使融合子兼有双亲优良性状的一种育种新技术。同种微生物的不同交配型(如啤酒酵母的 a 型与 α 型菌株)在自然条件下能进行杂交，但不同种、不同属或同一种的同一交配型之间却不能杂交。如果将微生物的细胞壁去除，制成原生质体，然后用物理、化学或生物的手段使两者紧密接触，就有可能融合成一个新细胞。

在诱变育种过程中，由于突变的随机性，要筛选到各方面性状都比较优良的菌株难度很大。在实践中筛选到的常常是某一性状有缺陷的菌株，如产量高的菌株生长速度可能较慢，生长速度快的菌株产量又不高，若将这样两个菌株进行原生质体融合，就有可能筛选到产量高并且生长速度快的菌株。

为了方便筛选融合子，一般要对两亲株进行标记，如营养缺陷型标记、抗生素抗性标记等。但是在工业生产菌株的融合育种中，标记有可能导致亲株优良性状的退化，最好选用原有的特定性状，此外，灭活原生质体也是一种可供选择的方法。

原生质体的制备是去除微生物细胞细胞壁的过程。对于革兰氏阳性菌，仅用溶菌酶处理就可得到所需的原生质体，如果在培养的过程中加入少许青霉素或甘氨酸，制备效果会更好；对于革兰氏阴性菌，除加溶菌酶外，还应在处理液中加乙二胺四乙酸(EDTA)和巯基乙醇，以完全除去外壁层；对于酵母和霉菌，可用蜗牛酶处理。其原生质体都呈球状，因此可用显微镜来检查原生质体的形成情况。由于原生质体对渗透压敏感，所以制备应在高渗缓冲液中进行。若将制备后的细胞放到低渗溶液中，原生质体就会破裂，根据这一点可计算出原生质体的形成率。

融合是将两亲本原生质体通过生物、化学或物理手段融为一体的过程。化学融合常以聚乙二醇(PEG)介导，在钙离子和镁离子存在的情况下，使两个原生质体融合；电融合是先让原生质体在低电场中极化成偶极子，并沿电力线方向排列成串，加高压直流脉冲后，相邻两个原生质体的膜被击穿，从而导致融合的发生。原生质体因为失去了细胞壁，不能繁殖。再生就是使原生质体重新生长出细胞壁，恢复到完整细胞形态的过程。再生也应在高渗培养基上进行，再生率一般为3%～20%。

融合子的检出是从融合后的反应系统中检出那些经过遗传交换并发生重组的融合子的过程。一般根据亲株的遗传标记，在选择培养基上直接筛选，为了提高再生率，也可先在高渗完全培养基上再生，再在选择性培养基上检出重组子；若用电融合，也可在显微镜下用显微操作仪直接挑取融合子。

## 三、实验材料和仪器

### 1. 实验材料

(1)菌株：诱变选育获得的两类具有优良互补性状的抗生素产生菌(链霉菌)菌株。

(2)培养基：

①基本培养基：天冬酰胺0.5 g/L，葡萄糖20 g/L，$K_2HPO_4$ 0.5 g/L，$CaCl_2·2H_2O$ 4 g/L，$MgCl_2·6H_2O$ 10 g/L，pH=7.2。

②完全培养基：葡萄糖20 g/L，牛肉膏2 g/L，酵母膏4 g/L，$MgSO_4·7H_2O$ 0.5 g/L，$K_2HPO_4$ 2 g/L，$KH_2PO_4$ 0.5 g/L，NaCl 0.5 g/L，$FeSO_4$ 0.01 g/L。

③高渗完全培养基：加蔗糖至100 g/L，固体培养基加琼脂至20 g/L。

(3)试剂：

①微量元素储备液：$ZnCl_2$ 40 mg，$FeCl_3·6H_2O$ 200 mg，$CaCl_2·2H_2O$ 10 mg，$MnCl_2·4H_2O$ 10 mg，$Na_2B_4O_7·10H_2O$ 10 mg，$(NH_4)_6Mo_7O_{24}·4H_2O$ 10 mg，蒸馏水1000 mL。

②TES缓冲液：Tris-HCl(pH=8.0) 10 mmol/L，EDTA 1 mmol/L，SDS 0.1 mmol/L。

③高渗溶液：蔗糖103 g/L，$K_2SO_4$ 0.5 g/L，$MgCl_2·6H_2O$ 0.3 g/L，$KH_2PO_4$ 0.05 g/L，$CaCl_2·2H_2O$ 6 g/L，TES缓冲液100 g/L，微量元素溶液2 g/L。

### 2. 实验仪器

试管、三角瓶、摇床、恒温培养箱、恒温水浴锅、离心机、接种环、移液管、酒精灯、分光光度计等。

## 四、实验内容

### 1. 双亲选择与标记

(1)选择双亲菌株，将它们涂布在基本培养基上，观察是否为营养缺陷型。

(2)将双亲菌株分别涂布在含不同抗生素的完全培养基上，观察它们是否有抗药性。

(3)如果没有上述选择性标记，可采用双亲原生质体灭活手段筛选具有营养缺陷型或抗药性标记的突变菌株。

### 2. 原生质体的制备

(1)取双亲斜面孢子 2 环，分别接种至 25 mL 液体完全培养基中，30℃摇床培养 48 h 后，吸取 2 mL 接入另一瓶装 25 mL 液体完全培养基(加 0.4%甘氨酸可提高原生质体形成率)的 250 mL 三角瓶中，30℃摇床培养 24 h。

(2)取 5 mL 菌液，3000 r/min 离心 5 min 收集菌体，用 10%蔗糖溶液离心洗涤 2 次，悬于 5 mL 高渗溶液中，加入 30 mg 溶菌酶，30℃摇床缓慢振摇 1～2 h，50 min 后每隔 10 min 取样，在显微镜下检查原生质体的形成情况(原生质体为球形)，如果菌体大部分成为球状可停止溶菌。

(3)低速(1000 r/min)离心 2 min 或用 5 μm 微孔滤膜过滤，以除去未被消化的丝状体，将原生质体悬液转入另一离心管，3000 r/min 离心 10 min 收集原生质体，用高渗稳定液离心洗涤 1 次后重悬于高渗稳定液中，计数并稀释至 $10^7$ 个/mL 原生质体。

### 3. 原生质体融合

两(灭活)亲本原生质体各取 0.5 mL，合并后离心去上清液，在沉淀上加高渗稳定液 5 mL，轻轻打散菌体，加 1 mL 42% PEG4000 溶液(溶解在高渗稳定液中)，用无菌吸管(或微量移液器)轻吹，以悬浮原生质体，30℃融合 2～3 min(注意观察凝聚现象)后，离心去上清液，沉淀悬于 1 mL 高渗稳定液中。

### 4. 融合子的检出

吸取上述悬浮液 0.1 mL，直接涂布在高渗完全培养基上，30℃培养 5～7 天，长出的菌落可能就是融合子(也可能是异核体)。挑取这些菌落，在高渗完全培养基上连续传代，检出稳定的融合子，通过发酵试验进行初筛。

如果双亲具有营养缺陷标记，可通过影印培养将高渗完全培养基上长出的菌落转接到基本培养基上(因细胞壁已再生，用不着高渗培养基)，能在基本培养基上生长的有可能就是融合子。

## 五、实验结果

实验数据记录见表 1 和表 2。

表 1　原生质体形成率结果

| 数目 | 原生质体数/个 | 完整细胞数/个 | 原生质体形成率/% |
| --- | --- | --- | --- |
| 链霉菌 1 | | | |
| 链霉菌 2 | | | |

注：原生质体形成率=原生质体数/(原生质体数+完整细胞数)×100%

表 2　原生质体融合结果

| 稀释倍数 | 融合子数平均数/个 | 高渗完全培养基长出的平均总菌落数/个 | 融合频率 |
| --- | --- | --- | --- |
| | | | |
| | | | |

注：融合频率=(融合子数平均数×稀释倍数)/(高渗完全培养基上长出的平均总菌落数×稀释倍数)

## 六、注意事项

(1)不同的菌株，其最适培养条件、培养基配比不同，原生质体制备、灭活和融合的条件也不一样，最好通过预备实验确认。

(2)PEG 对细胞的毒性较强，作用时间不能太长。

(3)用紫外线灭活有可能使亲株的优良性状丧失，热灭活的诱变效应较弱。

## 七、思考题

(1)查阅资料，设计一个酵母原生质体融合的实验。

(2)比较亲株标记和原生质体灭活两种方法的优缺点。

# 实验十一　重组基因工程菌的构建

## 一、实验目的

(1)了解基因工程育种的基本原理；

(2)学习 $\alpha$-乙酰乳酸脱羧酶($\alpha$-ALDC)基因工程菌的构建方法。

## 二、实验原理

基因工程，又称 DNA 重组技术，是指用人工方法从基因层面上对遗传物质进行切割、拼接和重组的技术。外源基因经过改造后插入载体中，然后导入受体细胞内，使外源基因得到扩增和表达，从而获得大量外源基因产物或使生物表现出新的性状。其基本操作包括目的基因的获得、重组质粒的构建、受体菌转化和转化子筛选等过程。

$\alpha$-乙酰乳酸是缬氨酸和异亮氨酸生物合成过程的中间产物，能被啤酒酵母分泌到细胞外，经氧化后生成双乙酰。当双乙酰含量超过 0.15 mg/L 时，会给啤酒带来令人不愉快的“馊饭味”。若在啤酒生产中(主发酵后期)添加适量的 $\alpha$-乙酰乳酸脱羧酶，让酵母分泌的 $\alpha$-乙酰乳酸促脱羧形成乙偶姻(3-羟基-2-丁酮)和二氧化碳，可大大减少双乙酰的生成。本实验尝试将产气肠杆菌的 α-乙酰乳酸脱羧酶基因（大小约 0.8 kb①）克隆到大肠杆菌中，构建能大量表达 α-乙酰乳酸脱羧酶的工程菌株。

## 三、实验材料和仪器

### 1. 实验材料

（1）菌种和质粒：产气肠杆菌（*Enterobacter aerogenes*），大肠杆菌 BL21（DE3）菌株，质粒 pET-28 等。

（2）培养基：

①LB 液体培养基：蛋白胨 10 g/L，酵母膏 5 g/L，NaCl 10 g/L，pH=7.2～7.4。

②固体培养基：在 LB 培养基的基础上添加琼脂至 15 g/L，0.1 MPa 高压蒸汽灭菌。使用前根据需要加入卡那霉素（终质量浓度 30 μg/mL）。

（3）试剂：限制性内切酶（*Eco*RI、*Bam*HI）、$T_4$-DNA 连接酶、Taq 酶、质粒提取试剂盒、PCR 割胶回收试剂盒、异丙基-β-D-硫代半乳糖苷（IPTG）、卡那霉素等。

### 2. 实验仪器

恒温水浴锅、分光光度计、离心机、PCR 仪、电泳仪、凝胶成像仪、DNA 浓度测定仪、摇床等。

## 四、实验内容

### 1. 产气肠杆菌 α-乙酰乳酸脱羧酶基因的获得

根据产气肠杆菌 α-乙酰乳酸脱羧酶的基因序列设计引物，在上游引物引入 *Bam*HI 酶切位点，在下游引物引入 Hind III酶切位点，具体序列如下。

上游引物 P1：5′-gcggatccatgatgcactcatctgcctgcgac-3′

下游引物 P2：5′-gcaagcttgcccactgacgtgactgtttc-3′

将产气肠杆菌在平板上划线，37℃培养过夜，挑取一环菌苔，接入 1 mL 经灭菌的双蒸水中，100℃热处理 5 min，冷却后，10000 r/min 离心 2 min，上清液作为产气肠杆菌的总 DNA 抽提液。以总 DNA 为模板，按框①加样后进行 PCR 扩增，条件为：先在 95℃热变性 3 min；然后按 95℃ 30 s、52℃ 1 min、72℃ 1 min 的条件进行 30 个循环；最后在 72℃再保温 10 min。PCR 产物经琼脂糖凝胶电泳检测。割胶回收 0.8 kb 的条带，试剂盒纯化后制得 30 μL 纯化物，测定其浓度，调整至 20 ng/μL。

| | |
|---|---|
| 5×缓冲液 | 10 μL |
| dNTP | 2 μL |
| 上游引物 P1（10 μmol/L） | 2 μL |
| 下游引物 P2（10 μmol/L） | 2 μL |
| 产气肠杆菌总 DNA | 0.5 μL |
| Taq 酶（5 U/μL） | 0.5 μL |
| 双蒸水 | 33 μL |

①

---

① kb，即 kilobase（千碱基对），DNA 长度单位。

2. 表达质粒的构建

用试剂盒提取 pET-28 空载质粒，测定其浓度，调整至 50 ng/μL。

用 *Bam*HI 和 *Eco*RI 双酶切 pET-28 空载质粒和上述纯化的 PCR 产物，如框②所示。在 PCR 仪上 37℃酶切 5～7 h 后，电泳后割胶回收，试剂盒纯化，各收得 30 μL 纯化产物，测定其浓度，加双蒸水调整至 40 ng/μL。在 PCR 管中，按框③加样后，4℃连接过夜。

| 双酶切体系(50 μL×3) | |
|---|---|
| 10×缓冲液 | 15 μL |
| pET-28(或 PCR 产物) | 60 μL |
| 双蒸水 | 69 μL |
| *Bam*HI | 3 μL |
| *Eco*RI | 3 μL |
| 混匀后分装 3 个 PCR 管，每管 | 50 μL |
| ② | |

| 连接反应(20 μL) | |
|---|---|
| 10×缓冲液 | 2 μL |
| pET-28 酶切产物 | 2 μL |
| $\alpha$-ALDC 酶切产物 | 4 μL |
| 双蒸水 | 11 μL |
| $T_4$-DNA 连接酶 | 1 μL |
| 混匀后，4℃保温过夜 | |
| ③ | |

3. 表达质粒转化入大肠杆菌

连接产物 20 μL 与 200 μL 感受态大肠杆菌 BL21(DE3)混合，冰上预冷 30 min 后，42℃热激 90 s，再放于冰上冷却 2 min，加入 800 μL LB 液体培养基，37℃保温 45 min，涂布在含有卡那霉素的 LB 平板上，37℃培养 16 h，挑取单菌落进行 PCR 验证，观察是否有 0.8 kb 的 $\alpha$-乙酰乳酸脱羧酶基因条带。

4. 工程菌株的鉴定

将阳性克隆接种于 5 mL LB 液体培养基(含卡那霉素)中，培养过夜，吸取 1 mL 培养液接入 50 mL(含卡那霉素)LB 液体培养基中，37℃、200 r/min 培养至吸光度 0.6 左右，加入 IPTG 至终浓度为 0.1 mmol/L，28℃诱导 4～5 h 后取样 1 mL(诱导前的样品为对照)，3500 r/min 离心 5 min，去上清液，在沉淀中加入 30 μL 水和 30 μL SDS 上样缓冲液，100℃煮沸 5 min，迅速置于冰浴中，12000 r/min 离心，取 10 μL 上清液进行 SDS-PAGE 检测，考马斯蓝染色后，观察是否有 $\alpha$-乙酰乳酸脱羧酶基因条带(相对分子质量约为 $2.9\times10^{10}$)。

5. 工程菌株稳定性检测

在 LB(不含抗生素)固体培养基中划线接种上述工程菌，37℃培养过夜作为第一代，连续进行五代移植，挑取一环接入 5 mL LB 液体培养基中，37℃、200 r/min 培养 5 h，稀释后分别涂布 LBr−(不加抗生素)和 LBr+(加抗生素)平板，比较菌落数，计算质粒丢失频率。

## 五、实验结果

(1)质粒 DNA 提取所得凝胶电泳结果图。
(2)PCR 扩增实验结果图。
(3)质粒 DNA 的双酶切分析结果图。
(4)质粒丢失频率的计算。
(5)完成表 1。

**表 1　移植传代后平皿上长出菌落计数**

| 移植代数 | LBr−菌落数/个 | LBr+菌落数/个 | 质粒丢失频率 |
| --- | --- | --- | --- |
| 第一代 | | | |
| 第二代 | | | |
| 第三代 | | | |
| 第四代 | | | |
| 第五代 | | | |

## 六、注意事项

(1)仔细检查所选产气肠杆菌菌株的 *α*-乙酰乳酸脱羧酶基因序列中是否有 *Eco*RI 和 *Bam*HI 的识别位点，必要时可将 PCR 产物进行测序确认。

(2)作为受体菌的大肠杆菌必须处于感受态，否则转化很难成功。

## 七、思考题

(1)是否可将产气肠杆菌菌株的 *α*-乙酰乳酸脱羧酶基因克隆到啤酒酵母中来构建低双乙酰产量的啤酒酵母菌株？查阅资料，设计相关实验。

(2)发酵工程菌构建时应注意哪些问题？

# 实验十二　营养缺陷型菌株的筛选

## 一、实验目的

(1)了解营养缺陷型突变菌株选育的原理；
(2)学习并掌握细菌氨基酸营养缺陷型的诱变、筛选与鉴定方法。

## 二、实验原理

筛选营养缺陷型菌株一般有四个环节：诱变处理、营养缺陷型的浓缩、检出、鉴定营养缺陷型。利用营养缺陷型菌株在完全培养基上生长良好，在基本培养基上则不能生长，而未发生突变的野生型菌株在两种培养基上都能生长这一现象进行筛选。本实验选用紫外线为诱变剂来诱发突变，并用青霉素法淘汰野生型，逐个用测定法检出营养缺陷型，最后经生长谱法鉴定细菌的营养缺陷型。

## 三、实验材料和仪器

### 1. 实验材料

(1) 菌种：大肠杆菌(*Escherichia coli*)。

(2) 培养基：

①LB 培养基：酵母膏 0.5 g，蛋白胨 1 g，NaCl 1 g，水 100 mL，pH=7.2，121℃灭菌 15 min。

②2×LB 培养基：其他不变，水 50 mL。

③基本培养基：葡萄糖 0.5 g，$(NH_4)_2SO_4$ 0.1 g，柠檬酸钠 0.1 g，$MgSO_4 \cdot 7H_2O$ 0.02 g，$K_2HPO_4$ 0.4 g，$KH_2PO_4$ 0.6 g，重蒸水 100 mL，pH=7.2，110℃灭菌 20 min。配固体培养基时需加 2%洗涤处理过的琼脂。全部药品需用分析纯，使用的器皿需用蒸馏水或重蒸水冲洗 2～3 次。

④无 N 基本液体培养基：$K_2HPO_4$ 0.7 g，$KH_2PO_4$ 0.3 g，三水合柠檬酸钠 0.5 g，$MgSO_4 \cdot 7H_2O$ 0.01 g，葡萄糖 2 g，水 100 mL，pH=7.0，110℃灭菌 20 min。

⑤2N 基本培养基：$K_2HPO_4$ 0.7 g，$KH_2PO_4$ 0.3 g，三水合柠檬酸钠 0.5 g，$MgSO_4 \cdot 7H_2O$ 0.01 g，$(NH_4)_2SO_4$ 0.2 g，葡萄糖 2 g，水 100 mL，pH=7.0，110℃灭菌 20 min。

⑥完全培养基：同 LB 培养基，配制固体培养基需加 2%的琼脂。

⑦混合氨基酸和混合维生素。

### 2. 实验仪器

离心管、离心机、紫外线照射箱、冰箱、恒温箱、高压灭菌锅、三角烧瓶、试管、移液管、培养皿、接种针等。

## 四、实验内容

### 1. 菌悬液制备

(1) 挑取新鲜制备的大肠杆菌 K12 斜面加入 10 mL LB 培养基中，在 37℃下过夜培养。

(2) 取 0.3 μL 菌液转接到 10 mL LB 培养基中，在 37℃摇床上振荡培养 4～6 h，使细胞处在对数生长期。

(3) 取适量菌液加入 5 mL 离心管中，7000 r/min 离心 3～4 min，离心 2 次，弃上清液，打匀沉淀，各加入 4 mL 无菌生理盐水，充分振荡混匀。

### 2. 诱变处理

取 3 mL 菌悬液，加入 7 cm 小皿内，轻轻振荡使其均匀并在皿底形成一薄层。将其平放在灭菌的超净工作台上，盖盖灭菌 1 min，然后打开皿盖照射 2 min(15 W)。

3. 诱变后处理

取 3 mL 诱变后菌液加入离心管中，7000 r/min 离心 3～4 min，弃上清液，加入 4 mL 生理盐水离心洗涤 2 次，重悬于 3 mL 生理盐水中，取 0.2 μL 加入 5 mL 2×LB 培养基内，37℃培养过夜(后培养)。

4. 检出营养缺陷型菌株

(1)初筛：从培养 12 h、16 h、24 h 的菌液中，各自取 100 μL，分别在完全培养基和基本培养基上涂布 2 个平板，做好标记，在 37℃下培养 36 h。

(2)复筛：牙签挑取完全培养基上长出的菌落 200 个，分别点种在基本培养基和完全培养基上，37℃过夜培养。

5. 复证

挑取 LB 完全培养基上有而基本培养基上没有的菌落，在基本培养基上划线复证，并在完全培养基上保留备份，37℃过夜培养，24 h 后仍不长的为营养缺陷型。

6. 生长谱鉴定

1)营养缺陷型浓缩(淘汰野生型)

第 3 天，延迟处理：吸菌液 5 mL 于离心管中，3500 r/min 离心 10 min，弃上清液。离心洗涤两次(加生理盐水至原体积，打匀沉淀，离心，弃上清液，重复一次)，最后加生理盐水制成 5 mL 菌悬液。

取 0.1 mL 菌悬液于 5 mL 无 N 培养基中，37℃培养 12 h(消耗体内的 N 素，使其停止生长，避免营养缺陷型被以后加入的青霉素杀死)。

第 4 天，按 1∶1 比例加入 2N 基本培养液 5 mL，加 50000 U/mL 青霉素钠盐溶液 100 μL，使青霉素在溶液中的最终浓度约为 500 U/mL，再于 37℃培养(野生型利用氮大量生长，因细胞壁不能完整合成而死亡；营养缺陷型因不生长而避免被杀死)。

第 5 天，从培养 12 h、14 h、16 h、24 h(根据实际情况，选择 2～3 个时间段)的菌液中分别取 0.1 mL 菌液到基本培养基及完全培养基两个培养皿中，涂布，37℃培养。

2)营养缺陷型检出

第 7 天，检出营养缺陷型。上述平板培养 36～48 h 后，进行菌落计数。选取完全培养基上长出的菌落数大大超过基本培养基的那一组，用灭菌牙签挑取完全培养基上长出的菌落 100 个分别点种于基本培养基和完全培养基上(先基本培养基，后完全培养基)，37℃培养。

第 9 天，选在基本培养基上不生长、完全培养基上生长的菌落，在基本培养基上划线，37℃培养 24 h，仍不长的是营养缺陷型。

3)营养缺陷型鉴定

在同一平皿上测定一种营养缺陷型菌株对多种生长因子的需求情况为生长谱法。

单一生长因子：鉴定氨基酸或维生素营养缺陷型，较为简便的方法是分组测定法。

将21种氨基酸组合成6组，每6种不同氨基酸归为一组(表1)。如果对15种维生素进行测定，则把每5种维生素归为一组，共5个组合(表2)。

**表1　生长因子氨基酸组合**

| 组别 | 氨基酸组合 | | | | | |
|---|---|---|---|---|---|---|
| 1 | 赖氨酸 | 精氨酸 | 蛋氨酸 | 胱氨酸 | 亮氨酸 | 异亮氨酸 |
| 2 | 缬氨酸 | 精氨酸 | 苯丙氨酸 | 酪氨酸 | 色氨酸 | 组氨酸 |
| 3 | 苏氨酸 | 蛋氨酸 | 苯丙氨酸 | 谷氨酸 | 脯氨酸 | 天冬氨酸 |
| 4 | 丙氨酸 | 胱氨酸 | 酪氨酸 | 谷氨酸 | 甘氨酸 | 丝氨酸 |
| 5 | 鸟氨酸 | 亮氨酸 | 色氨酸 | 脯氨酸 | 甘氨酸 | 谷氨酰胺 |
| 6 | 瓜氨酸 | 异亮氨酸 | 组氨酸 | 天冬氨酸 | 丝氨酸 | 谷氨酰胺 |

**表2　生长因子维生素组合**

| 组别 | 维生素组合 | | | | |
|---|---|---|---|---|---|
| 1 | 维生素A | 维生素$B_1$ | 维生素$B_2$ | 维生素$B_6$ | 维生素$B_{12}$ |
| 2 | 维生素C | 维生素$B_1$ | 维生素$D_2$ | 维生素E | 烟酰胺 |
| 3 | 叶酸 | 维生素$B_2$ | 维生素$D_2$ | 胆碱 | 泛酸钙 |
| 4 | 对氨基苯甲酸 | 维生素$B_6$ | 维生素E | 胆碱 | 肌醇 |
| 5 | 生物素 | 维生素$B_{12}$ | 烟酰胺 | 泛酸钙 | 肌醇 |

第10天，生长谱的测定：将检出的营养缺陷型菌落接种于5 mL LB液体培养基试管中，37℃培养14～16 h。

第11天，培养16 h的菌液离心，3500 r/min、10 min，弃上清液，加生理盐水，打匀沉淀，再次离心。加5 mL生理盐水制成菌悬液。取其中1 mL于培养皿中，加入熔化后冷却到40～50℃的基本培养基，混匀，平放，共二皿[平板表面分别贴上沾有混合氨基酸(或酪素水解液)的滤纸片，30℃培养24 h，经培养后营养物质周围有生长圈，即表明为氨基酸营养缺陷型菌株]。将皿底分格，用接种环依次放入少许混合氨基酸等，37℃培养24 h，观察生长情况，确定是哪种氨基酸营养缺陷型。

## 五、实验结果

### 1. 营养缺陷型检出

点植对照时每平皿点30个菌落，最后在基本培养基上没有长出菌落，而是在完全培养基上长出菌落，即筛选出营养缺陷型菌株。对营养缺陷型菌株进行拍照并描述其菌落特征。

### 2. 营养缺陷型鉴定

通过如图1的生长谱鉴定，得到生长鉴定结果图(拍照)并比较分析。

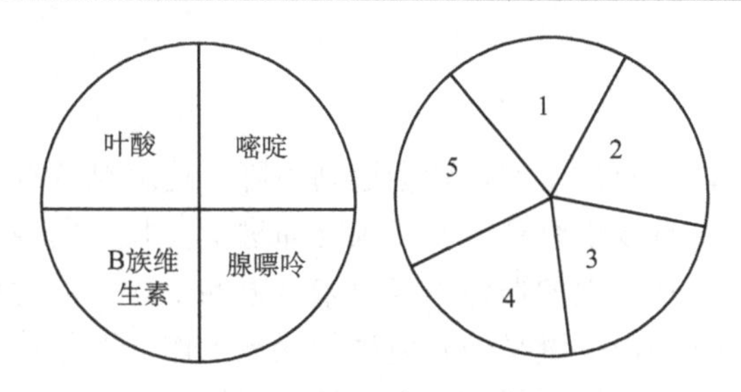


图1　生长谱鉴定点样图示

右图中1、2、3、4、5均为氨基酸组合

## 六、注意事项

(1)紫外线对皮肤和眼睛有很大伤害，实验中应避免人体暴露在紫外线中。各种器具、培养基及需加入培养基中的试剂均需灭菌。

(2)实验过程中要严格控制无菌，在菌落的选取、划线培养、菌悬液的吸取、接种等环节都要进行严格的无菌操作，任何一步的杂菌污染都会对最终的实验结果造成严重影响。

(3)在用牙签筛选点植时要注意牙签不能将培养基戳破，若戳破则不利于菌落的生长，也不利于观察，另外还要注意点样的顺序是先基本培养基后完全培养基。在基本培养基上的点植量一定要少，以防止细胞过多及细胞老化而导致自溶现象的发生，从而引起缺陷型突变体也可以在基本培养基上生长的现象。

(4)在使用之前培养皿必须严格无菌，在倾注平板时，培养基的温度要严格控制，否则容易烫死加入的细菌或者由于凝固而混匀失败。

(5)在最后一步鉴定营养缺陷型时要注意氨基酸的点样不能过多，用牙签蘸取氨基酸后轻轻抖动即可。如果点样过多会造成氨基酸在培养基中扩散，从而对实验结果产生影响。

## 七、思考题

(1)倾注培养法进行生长谱的鉴定有何优点？

(2)若本实验中诱变率较低，是由什么引起的？

(3)本实验中的突变型是氨基酸缺陷型，我们是可以检测的，如果是与N元素代谢有关的其他缺陷型，能否通过本实验检测？为什么？

# 实验十三　发酵菌株的复壮和保藏

## 一、实验目的

(1)了解菌种衰退的原理；

(2)熟悉发酵菌种的复壮和保藏方法。

## 二、实验原理

菌种在传代过程中，原有的生产性状会逐渐下降，这就是菌种的衰退。衰退是由菌株的自发突变引起的，一旦发现衰退，就必须立即进行复壮。所谓复壮，就是通过纯种分离和性能测定等方法，从衰退的群体中找出未衰退的个体，以达到恢复该菌种原有性状的一种措施。要防止衰退，关键是做好菌种的保藏工作，即创造一定的物理或化学条件，如低温、干燥、缺氧气或缺养料等，来降低微生物细胞内酶的活性，使微生物代谢作用缓慢，甚至处于休眠状态。常用的保藏方法有斜面低温保藏法、石蜡油封保藏法、甘油管冷冻保藏法、砂土管保藏法、硅胶保藏法、冷冻干燥法、液氮超低温冷冻法等。不同的菌种应视具体的情况采用不同的保藏法。酵母菌和细菌一般采用斜面低温保藏法，每隔几个月转接一次，也可采用石蜡油封保藏法、甘油管冷冻保藏法、液氮超低温冷冻法等。产孢子的放线菌和霉菌及产芽孢的细菌以砂土管保藏法为好。

## 三、实验材料和仪器

### 1. 实验材料

斜面培养基、液体石蜡(又称石蜡油)、河砂、黄土或红土、盐酸、脱脂牛奶。

### 2. 实验仪器

瓷杯、试管、筛、干燥器、安瓿管、移液管、接种环、冰箱、电炉、真空泵、喷灯、保鲜袋、三角瓶、恒温箱等。

## 四、实验内容

### 1. 斜面低温保藏法

将菌种接在新鲜斜面培养基上，在室温下培养，待长出丰满菌苔后(培养至稳定期，芽孢细菌一般要培养至芽孢形成，放线菌和霉菌培养至孢子成熟)，贴上标签，用保鲜袋包扎后放入 4℃冰箱中保藏。一般每隔半年至一年用新鲜培养基转接 1 次，该方法快捷简便，但是菌株易退化。

### 2. 石蜡油封保藏法

(1)石蜡油放于三角瓶中，8 层纱布包扎后，0.1 MPa 湿热灭菌 30 min，40℃恒温箱中放置 1～2 天使水蒸气蒸发。

(2)采用无菌操作方式在已长好的斜面菌种上加入石蜡油至高出斜面顶端 1 cm，适当包扎后直立放入冰箱保藏，霉菌、放线菌和芽孢菌可保藏 2 年以上，细菌和酵母菌可保存 1～2 年。

### 3. 砂土管保藏法

(1)砂土管的制备：取河砂若干，晾干后过 40 目筛以除去颗粒杂质，然后将其盛放于瓷杯或玻璃杯中，加入 10% HCl 浸没砂粒，加热煮沸 30 min 以除去有机质(注意不能烧干)；倒去酸水，用自来水冲洗至中性，烘干备用。另取非耕作层(地面 0.3 m 以下)的瘦黄土若干，晒干磨细，过 100 目筛。按土∶砂=1∶4 的比例均匀混合，装入 10 mm× 100 mm 的小试管中，以 1 cm 高为宜，塞上棉塞，160℃干热灭菌 2 h(或湿热灭菌后烘干)。

(2)菌悬液制备：选择培养成熟(已形成孢子或芽孢)的优良菌种，加入 2～3 mL 无菌水，用接种环将孢子或芽孢刮下制成菌(孢子)悬液。

(3)分类：用无菌移液管吸收 0.2～0.3 mL 菌(孢子)悬液放入砂土管中，用接种环拌匀，并贴上标签，注明菌名。

(4)干燥与保藏：将砂土管放于干燥缸内，立即抽真空并尽快抽去水分(应该在 12 h 内抽干)，放入干燥器内室温或冰箱保藏，每半年检查一次菌体活性和染菌情况。

此方法可将细菌芽孢和霉菌、放线菌的孢子保存 5～10 年。

4. 真空冷冻干燥保藏法

(1)脱脂牛奶的准备：将牛奶加热到 80℃左右，冷却并除去表层脂肪。重复 2～3 次后用脱脂棉花过滤，滤液在 3000 r/min 下离心 15 min，除去上层脂肪。将脱脂牛奶装入三角瓶中，包扎后于 0.05 MPa、121℃灭菌 30 min，另将安瓿管灭菌。

(2)菌悬液制备：吸取无菌脱脂牛奶 2～3 mL，加至培养好的斜面试管中，用接种环将斜面菌苔或孢子洗下，制成牛奶菌种悬液，用无菌毛细滴管吸取 0.2 mL 悬液至安瓿管中(装量不超过其容积的 1/3)，塞好棉花塞防止杂菌污染。

(3)预冻：将分装好的安瓿管先在 4℃冰箱中冷却，然后转至–30℃的干冰乙醇中冰冻，约 10 min 后即可抽气进行真空干燥。

(4)真空干燥：预冻后将安瓿管与真空干燥瓶相连，开启真空泵抽气干燥，在真空度 26.7 Pa 下抽气 6～8 h，直到安瓿管的内容物干燥为止。

(5)封口：干燥后将安瓿管连接在真空多歧管上，开启真空泵，当真空度达到 13.3 Pa 后用火焰熔封。

(6)将安瓿管放入冰箱中保藏。

此方法常用于非芽孢类细菌的菌种保藏。

## 五、实验结果

(1)描述衰退菌株的特征，保藏相关菌种并记录结果在表 1。

(2)了解操作过程中可能发生的菌株损伤。

**表 1 选定菌种的保藏记录**

| 接种日期 | 菌种名称 | 培养条件 | | 保藏前形态 | 保藏方法 | 保藏温度/℃ | 保藏时间 | 存活率/% |
|---|---|---|---|---|---|---|---|---|
| | | 培养基 | 培养温度/℃ | | | | | |
| | | | | | | | | |
| | | | | | | | | |
| | | | | | | | | |
| | | | | | | | | |

## 六、注意事项

(1) 用盐酸去砂中杂质时，火力不能过猛，以免盐酸溅出伤人。

(2) 真空冷冻干燥时最好将安瓿管放于冰浴中，不能让脱脂牛奶溶化。

(3) 除脱脂牛奶外，还可以用血清作为菌种的保护剂。

## 七、思考题

(1) 查阅资料，说明半固体穿刺保藏菌种的适用范围及其优缺点。

(2) 说明上述 4 种保藏方法的基本原理。

# 第二章　摇 瓶 发 酵

## 实验十四　培养基的配制与灭菌

### 一、实验目的

(1)掌握微生物实验室常用玻璃器皿的清洗及包扎方法；

(2)了解一般培养基配制原理，掌握培养基常规配制程序；

(3)了解培养基配制过程中各环节的要求和注意事项，掌握实验室各种灭菌技术及玻璃器皿的包装方法。

### 二、实验原理

培养基是供微生物生长、繁殖、代谢的混合养料，主要含有微生物生长繁殖所必需的碳源、氮源、无机盐、生长因子及水分，并要求具有适宜的pH、合适的渗透压等。由于微生物具有不同的营养类型，对营养物质的要求各不相同，加之实验和研究的目的不同，所以培养基的种类很多，使用的原料各有差异，但一般配制程序却大致相同。

高压蒸汽灭菌，主要是通过升温使蛋白质变性，从而达到杀死微生物的效果。将需要灭菌的物品放在一个密闭和加压的灭菌锅内，通过加热，使灭菌锅内水沸腾而产生蒸汽。待蒸汽将锅内冷空气从排气阀中驱尽，关闭排气阀继续加热。此时蒸汽不逸出，压力增大，沸点升高，获得高于100℃的温度导致菌体蛋白凝固变性，从而达到灭菌的目的。

### 三、实验材料和仪器

1. 实验材料

蛋白胨、牛肉膏、NaCl、琼脂、水、1 mol/L NaOH溶液、1 mol/L HCl溶液。

2. 实验仪器

天平、称量纸、药匙、精密pH试纸、量筒、刻度搪瓷杯、橡胶塞、试管、试管架、三角瓶、移液管、洗耳球、培养皿、玻璃棒、烧杯、剪刀、酒精灯、棉绳、牛皮纸或报纸、纱布、电炉、灭菌锅等。

### 四、实验内容

1. 工艺流程

称取药品→溶解→调pH→加琼脂溶化(补水，固体培养基用)→过滤(可省略)→分装→包扎标记→灭菌→摆斜面或倒平板→无菌检查。

2. 操作步骤

1) 玻璃器皿的洗涤

玻璃器皿在使用前必须洗刷干净，将三角瓶、试管、培养皿、量筒等浸入含有洗涤剂的水中用毛刷刷洗，然后用自来水及蒸馏水冲净。移液管先用含有洗涤剂的水浸泡，再用自来水及蒸馏水冲洗，洗刷干净的玻璃器皿置于恒温干燥箱中烘干后备用。

2) 灭菌前玻璃器皿的包扎

(1) 培养皿的包扎：培养皿由一盖一底组成一套，可用报纸将几套培养皿包成一包，或者将几套培养皿直接置于特制的铁皮圆筒内，加盖灭菌。包装后的培养皿须经灭菌之后才能使用。

(2) 移液管的包扎：在移液管的上端塞入一小段棉花(勿用脱脂棉)，它的作用是避免外界及(用嘴巴吸移液管时)口中杂菌进入管内，并防止菌液等吸入口中。塞入的此小段棉花应距离管口约 0.5 cm，棉花自身长度应为 1～1.5 cm。塞棉花时可用一外围拉直的曲别针将少许棉花塞入管口内。棉花要塞得松紧适宜，以便吹时能通气而又不使棉花滑下为准。

(3) 先将报纸裁成宽约 5 cm 的长纸条，然后将已塞好棉花的移液管尖端放在长条报纸的一端，约呈 45°角，折叠纸条包住尖端，用左手握住移液管身，右手将移液管压紧，在桌面上向前搓转，以螺旋式包扎起来。上端剩余纸条折叠打结，准备灭菌。

3) 培养基的配制过程

(1) 称量药品：根据培养基配方依次称取各种药品，然后放入适当大小的烧杯中，不要加入琼脂。

(2) 溶解：用量筒取一定量(约占总量的 1/2)蒸馏水倒入烧杯中，在放有石棉网的电炉上小火加热，并用玻璃棒搅拌，以防液体溢出。待各种药品完全溶解后，停止加热，补足水分(如果配方中有淀粉，则先将淀粉用少量冷水调成糊状，并在火上加热搅拌，然后加足水分及其他原料，待完全溶化后，补足水分)。

(3) 调节 pH：用 1 mol/L NaOH 或 1 mol/L HCl 溶液调至所需 pH。

(4) 溶化琼脂：琼脂加入后，置电炉上一边搅拌一边加热，直至琼脂完全溶化后才能停止搅拌，并补足水分(水需预热)。

(5) 过滤分装：有时需用滤纸或纱布趁热过滤，以利于观察结果(本实验无须过滤)。分装时注意不要使培养基沾染在管口或瓶口，以免引起污染。液体分装高度以试管高度的 1/4 左右为宜。固体分装量为试管高度的 1/5，半固体分装量一般以试管高度的 1/3 为宜；分装三角瓶，其装量以不超过三角瓶容积的 1/2 为宜。

(6) 包扎标记：培养基分装后加好棉塞或纱布、试管帽，再包上一层防潮纸，用棉绳系好。标明培养基名称、制备组别、日期等。

(7) 灭菌：高压蒸汽灭菌法，0.1 MPa、121℃灭菌 20～30 min。注意：培养基制备后应立即进行灭菌。

①检查水位并补足水。

②放入待灭菌物品。

③加盖，旋紧锅盖，勿使其漏气。

④打开放气阀，加热使水沸腾以排出锅内的冷空气。待冷空气完全排尽后，关闭放气阀，让锅内升至所需温度，维持温度至所需时间。

⑤切断电源，让锅内温度和压力自然下降为0时，打开盖子，取出物品。

(8)摆斜面、倒平板：此步骤需在无菌条件下操作。摆斜面要注意斜度，以斜面长度不超过试管总长的1/2为宜。将需倒平板的培养基冷却到45～50℃后立刻倒平板。

(9)无菌检查：37℃培养24～48 h，检查灭菌是否彻底。

## 五、实验结果

(1)记录本实验配制培养基的名称、数量，并图解说明其配制过程，指明要点。

(2)记录所配制培养基的无菌检查结果。

## 六、注意事项

(1)称量药品时蛋白胨极易吸潮，故称量时要迅速。

(2)调节pH时注意pH不要调过头，以免回调，否则会影响培养基内各离子浓度。

(3)溶化琼脂时注意控制火力，不要使培养基溢出或烧焦。

## 七、思考题

(1)制备培养基的一般程序是什么？

(2)试述高压蒸汽灭菌的操作方法、原理及注意事项。

(3)斜面高度一般为试管的多少？为什么？

(4)培养基过滤的目的是什么？什么情况下需要过滤？

# 实验十五　发酵培养基的单因素和响应面优化实验

## 一、实验目的

(1)了解优化发酵培养基的目的和意义；

(2)掌握摇瓶发酵工艺优化的操作，培养独立操作的能力；

(3)学习运用统计软件设计实验方案、处理实验数据、优化实验结果；

(4)掌握优化发酵培养基的基本原理、用途和方法步骤，以及采用响应面优化实验安排和分析实验结果。

## 二、实验原理

利用微生物发酵生产各种有用代谢产物，其培养基成分种类繁多，各成分间的相互作用也错综复杂，因此微生物培养基的优化工作就显得尤为重要。实验室最常用的优化方法是单次单因子法，这种方法是在假设因素间不存在交互作用的前提下，一次改变一个因素的水平而其他因素保持恒定水平，然后逐个对因素进行考察的优化方法。但是考察的因素间经常存在交互作用，使得该方法并非总能获得最佳的优化条件；另外，当考察的因素较多时，需要太多的实验次数和较长的实验周期。所以现在的培养基优化实验中一般不采用或不单独采用这种方法，而采用多因子实验。

数学统计中的多种优化方法已开始广泛地应用于微生物发酵培养基的优化工作中，其中以响应面优化法的效果最为显著，响应面优化法是利用合理的实验设计方法并通过实验得到一定数据，采用多元二次回归方程来拟合因素与响应值之间的函数关系，通过对回归方程的分析来寻求最优工艺参数、解决多变量问题的一种统计方法(又称回归设计)。

响应面实验实施过程如下：

(1)通过单因素实验或正交实验等确定实验因素及水平数。

(2)通过统计分析软件列出实验方案。

(3)按实验方案实施实验，获得实验结果。

(4)用统计分析软件进行分析，获得模型方程、最优或较优因素水平的组合，输出相关结果。

## 三、实验材料和仪器

### 1. 实验材料

(1)菌株：红酵母(产类胡萝卜素菌株)。

(2)培养基：

①平板培养基(质量分数)：葡萄糖 2%，蛋白胨 2%，酵母膏 1%，琼脂 2%，pH=6.0。

②种子培养基(质量分数)：葡萄糖 4%，蛋白胨 1%，酵母膏 1%，pH=6.0。

③发酵培养基(质量分数)：蔗糖 4%，蛋白胨 1%，酵母膏 1%，$(NH_4)_2SO_4$ 0.5%，pH=6.0。

(3)试剂：葡萄糖、蔗糖、蛋白胨、酵母膏、$(NH_4)_2SO_4$、$NH_4Cl$、玉米浆、丙酮、盐酸、精密 pH 试纸。

### 2. 实验仪器

光学显微镜、超净工作台、摇床、灭菌锅、离心机、水浴锅、干燥箱、天平、三角瓶、带螺帽小试管、载玻片、牙签、移液器、1.5 mL 离心管、1 mL 和 200 μL 枪头等。

## 四、实验内容

### 1. 实验准备

实验前两天，每组选 1～2 个因素，确定实验方案。可供选择的因素和水平如下。

(1)碳源种类：葡萄糖、麦芽糖、果糖、蔗糖、木糖、乳糖；

(2)碳源用量(质量分数)：3%、4%、5%、6%、8%；

(3)无机氮源种类：硝酸钠、尿素、氯化铵、硫酸铵；

(4)无机氮源用量(质量分数)：0.2%、0.5%、0.7%、1%；
(5)有机氮源种类：酵母膏、酵母粉、玉米浆、黄豆饼粉、蛋白胨；
(6)有机氮源用量(质量分数)：0.5%、1%、1.5%、2%、2.5%；
(7)镁盐用量(质量分数)：0%、0.1%、0.2%、0.3%；
(8)酸碱度：4、5、6、7、8、9。

2. 发酵培养基的配制

以酵母粉用量优化为例，共4个水平，每个水平设计3个平行重复，取250 mL锥形瓶，装液量为50 mL，先配共有成分，再加其他优化成分。

3. 发酵

将保藏菌株接种于斜面培养基上，在28℃培养96 h；配制50 mL种子培养基，置于250 mL三角瓶中，高压蒸汽灭菌，待冷却后接入一环斜面培养物，在摇床培养24 h。在250 mL三角瓶中，分别加入50 mL不同种类的发酵培养基，按2%接种量接入种子液，在28℃摇床培养4～5天。发酵液经10000 r/min离心后，取湿菌体提取类胡萝卜素，测定其含量。

4. 比浊法测定各发酵液吸光度值

取下摇瓶，以空白培养基为对照，于600 nm处测定各摇瓶中发酵液的吸光度值。注意：如果吸光度值过大，需将发酵液做一定稀释后再测定。

5. 类胡萝卜素的测定

准确称取干菌体0.1 g，加6 mL 3 mol/L HCl于室温下振荡提取1 h，沸水浴处理4 min。迅速冷却，洗涤菌体，4000 r/min离心10 min，所得沉淀每次用6 mL丙酮与石油醚(1∶1)混合液在室温下振荡，提取3～4次至菌体无色，将各次离心液收集起来即得类胡萝卜素提取液。将提取液用722型分光光度计在453 nm处测定其吸光度$A_{453}$，并按下式计算类胡萝卜素含量：

$$类胡萝卜素含量=(A_{453}\times D\times V)/(0.16\times W)$$

式中，$A_{453}$为453 nm处的吸光度；$D$为稀释倍数；$V$为提取所用溶剂体积(mL)；0.16为类胡萝卜素摩尔消光系数($cm^2/mol$)；$W$为酵母菌体质量(g)。

类胡萝卜素产量(mg/L)=生物量(g/L)×类胡萝卜素含量(mg/g)

6. Box-Behnken法优化

1)应用响应面分析法确定重要因素的最佳水平

根据单因素实验的探究结果，利用Box-Behnken法优化发酵培养基的工艺参数，以选取的四个因素为自变量，类胡萝卜素得率为响应值，进行四因素三水平的培养基优化实验。将实验结果导入Minitab程序数据表，选择“统计”，点击“DOE”选择“响应面分析”导入因子及响应值，选择“已编码”，生成回归系数及进行方差分析，建立二次回归方程。从方差分析表中可以看出二次项对响应值的影响显著程度，回归项反映的是实验数据与模型相符的情况，预测的响应值 $Y$ 可先通过对回归方程进行偏导数计算，预测四个因素的最优实验点，在此点确定四个因素的水平，从而确定优化培养基组成。

2)验证实验

在其余培养基成分和培养条件不变的情况下，将菌种分别接入初始发酵培养基和优化培养基，比较培养基优化后产类胡萝卜素结果与预测实验结果的差别，说明培养基的优化效果。

## 五、实验结果

(1)不同培养基对生物量的影响见表 1。

**表 1　不同培养基对生物量的影响**

| 培养基 | 生物量/(g/L) |
|---|---|
| 1 | |
| 2 | |
| 3 | |
| 4 | |

(2)Box-Behnken 实验因素水平编码表见表 2。

**表 2　Box-Behnken 实验因素水平编码表**

| 因素 | 水平/(g/L) | | |
|---|---|---|---|
| A | | | |
| B | | | |
| C | | | |
| D | | | |

(3)Box-Behnken 实验设计及结果见表 3。

**表 3　Box-Behnken 实验设计及结果**

| 序号 | A | B | C | D | 类胡萝卜素得率/% |
|---|---|---|---|---|---|
| 1 | | | | | |
| 2 | | | | | |
| 3 | | | | | |
| 4 | | | | | |
| 5 | | | | | |

续表

| 序号 | A | B | C | D | 类胡萝卜素得率/% |
|---|---|---|---|---|---|
| 6 | | | | | |
| 7 | | | | | |
| 8 | | | | | |
| 9 | | | | | |
| 10 | | | | | |
| 11 | | | | | |
| 12 | | | | | |
| 13 | | | | | |
| 14 | | | | | |
| 15 | | | | | |
| 16 | | | | | |
| 17 | | | | | |
| 18 | | | | | |
| 19 | | | | | |
| 20 | | | | | |
| 21 | | | | | |
| 22 | | | | | |
| 23 | | | | | |
| 24 | | | | | |
| 25 | | | | | |
| 26 | | | | | |
| 27 | | | | | |

（4）Box-Behnken 实验回归模型的方差分析表见表 4。

**表 4 回归模型的方差分析表**

| 方差来源 | 平方和 | 自由度 | 均方 | *F* 值 | *p* 值 | 显著性 |
|---|---|---|---|---|---|---|
| A | | | | | | |
| B | | | | | | |
| C | | | | | | |
| D | | | | | | |
| AB | | | | | | |
| AC | | | | | | |
| AD | | | | | | |
| BC | | | | | | |

续表

| 方差来源 | 平方和 | 自由度 | 均方 | *F* 值 | *p* 值 | 显著性 |
|---|---|---|---|---|---|---|
| BD | | | | | | |
| CD | | | | | | |
| $A^2$ | | | | | | |
| $B^2$ | | | | | | |
| $C^2$ | | | | | | |
| $D^2$ | | | | | | |
| 残差 | | | | | | |
| 失拟项 | | | | | | |
| 纯误差项 | | | | | | |
| 总离差 | | | | | | |

## 六、注意事项

(1)使用酒精灯时注意安全，避免烧(灼)伤。
(2)吸取菌液接种时要将菌悬液吹打均匀，保证每个试管中接种量一致。
(3)无菌操作必须严格，避免染菌。

## 七、思考题

(1)培养基的配制原则是什么？
(2)哪些因素影响发酵的生物量？
(3)试列举几个在日常生活中人们利用温度、pH 抑制微生物生长的例子。
(4)响应面优化法的优点。
(5)响应面优化法的局限性。

# 实验十六　发酵工艺的正交优化实验

## 一、实验目的

(1)掌握正交实验法优化发酵培养基的方法；
(2)为后续的响应面实验提供优化因素和水平的借鉴。

## 二、实验原理

正交实验设计是研究多因素多水平的一种设计方法，根据正交性从全面实验中选择部分有代表性的点进行实验，这些点具有“均匀分散、齐整可比”的特点，是一种高效率、快速、经济的实验设计方法。

日本统计学家田口玄一将正交实验选择的水平组合列成表格，称为正交表。例如，做一个三因素三水平的实验，按全面实验要求，需进行 $3^3$=27 种组合的实验，且尚未考虑每一组合的重复数；若按正交表安排实验，则只需做 9 次，从而大大地减少了工作量，因而正交实验设计在发酵工艺优化的研究中已经得到大量的应用。

## 三、实验材料和仪器

### 1. 实验材料

(1)菌种：大肠杆菌(*Escherichia coli*)。

(2)培养基：发酵基础培养基，见实验内容。

### 2. 实验仪器

超净工作台、摇床、灭菌锅、离心机、水浴锅、干燥箱、天平、三角瓶、1.5 mL 离心管、移液器、1 mL 和 200 μL 枪头等。

## 四、实验内容

本实验运用正交法将葡萄糖作为碳源，蛋白胨、酵母膏作为氮源，$KH_2PO_4$ 作为磷源来测定它们对大肠杆菌生长的影响，并求得各营养物在什么样的配比时生物量最大。通过本实验初步掌握正交法的使用。

### 1. 单因素发酵条件实验

1)不同碳源对发酵的影响

基础培养基：$(NH_4)_2SO_4$ 0.3%，$KH_2PO_4$ 0.2%，$MgSO_4$ 0.05%，分别加入 4%不同碳源，pH=7.2。

2)不同氮源对发酵的影响

基础培养基：碳源 4%，$KH_2PO_4$ 0.2%，$MgSO_4$ 0.05%，分别加入不同氮源，pH=7.2。

3)不同无机盐对发酵的影响

基础培养基：碳源 4%，氮源 0.3%，$MgSO_4$ 0.02%，分别加入不同无机盐，pH=7.2。

将上述影响记录至表 1。

### 2. 正交实验——最佳发酵培养基的确定

将以上因素实验的结果综合起来还不能认为是最佳条件，特别是在碳源、氮源、无机盐的用量上，必须通过正交实验和验证实验才能确定最佳配方。本实验中的无机盐类中，$MgSO_4$ 影响不大，而 $KH_2PO_4$ 起着决定性作用，因素采用三因素三水平的正交设计。

确定实验的培养基组成成分(因素)和每种组成成分的含量(水平)。

(1)进行表头设计，记录至表 2。

(2)配制培养基：按照实验设计方案，分别配制不同培养基，250 mL 三角瓶每瓶装量 50 mL，121℃灭菌 20 min。

(3)接菌、摇瓶培养：将活化菌种接种到新鲜的 LB 培养基中过夜，再按 1%接种量转接到不同的培养基中，37℃下 180 r/min 摇床振荡培养 24 h。

(4) 菌体量测定：离心收集菌体，用无菌水悬浮菌液并适当稀释，在 660 nm 下测浊度。

(5) 数据记录及分析：把测定数据填入表 3 的实验结果栏内，按表 3 中数据计算出各因素的一水平实验结果总和、二水平实验结果总和、三水平实验结果总和，再取平均值（各自被 3 除），最后计算极差。从极差的大小确定哪个因素对酶活性影响最大、哪个影响最小，找出在何种条件下生物量最高。

## 五、实验结果

以 *k* 值为纵坐标，因素的水平数为横坐标，作出作用因素与实验结果的关系图，最后得出直观分析的结论。

**表 1　单因素发酵条件实验**

| 水平 | A 碳源/% | B 氮源/% | C $KH_2PO_4$/% |
|---|---|---|---|
| 1 | | | |
| 2 | | | |
| 3 | | | |

**表 2　正交实验表头设计**

| 实验号 | 1(A) | 2(B) | 3(C) |
|---|---|---|---|
| 1 | 1(2) | 1(0.3) | 1(0.2) |
| 2 | 1 | 2(0.5) | 2(0.3) |
| 3 | 1 | 3(0.7) | 3(0.4) |
| 4 | 2(5) | 1 | 2 |
| 5 | 2 | 2 | 3 |
| 6 | 2 | 3 | 1 |
| 7 | 3(6) | 1 | 3 |
| 8 | 3 | 2 | 1 |
| 9 | 3 | 3 | 2 |

**表 3　实验结果分析表（直观分析法）**

| 实验号 | A | B | C | D | 生物量/(g/100 mL) |
|---|---|---|---|---|---|
| 1 | 1 | 1 | 1 | 1 | |
| 2 | 1 | 2 | 2 | 2 | |
| 3 | 1 | 3 | 3 | 3 | |
| 4 | 2 | 1 | 2 | 3 | |
| 5 | 2 | 2 | 3 | 1 | |
| 6 | 2 | 3 | 1 | 2 | |

续表

| 实验号 | A | B | C | D | 生物量/(g/100 mL) |
|---|---|---|---|---|---|
| 7 | 3 | 1 | 1 | 2 | |
| 8 | 3 | 2 | 2 | 3 | |
| 9 | 3 | 3 | 3 | 1 | |
| $K1$<br>$K2$<br>$K3$ | | | | | |
| $k1$<br>$k2$<br>$k3$ | | | | | |
| 极差 $R$ | | | | | |
| 最佳水平 | | | | | |
| 因素与实验结果关系图 | | | | | |

## 六、思考题

(1)分析正交实验结果，列出优化的培养基配方。

(2)试述选用大肠杆菌作为实验菌种的原因。

# 第三章　发酵生化参数的测定

## 第一节　发酵菌体生物量的测定

### 实验十七　比浊法测定发酵液中菌体浓度

#### 一、实验目的

了解细菌生长曲线的特点及测定原理，学会用比浊法测定细菌的生长曲线。

#### 二、实验原理

将一定数量的细菌接种于适宜的液体培养基中，在适温下培养，定时取样测数，以菌数的对数为纵坐标、生长时间为横坐标，作出的曲线称为生长曲线。该曲线表明细菌在一定的环境条件下群体生长与繁殖的规律。一般分为延缓期、对数期、稳定期及衰亡期四个时期，各时期的长短因菌种本身特征、培养基成分和培养条件不同而异。

比浊法根据细菌悬液细胞数与浑浊度成正比、与透光度成反比的关系，利用光电比色计测定细胞悬液的吸光度，以表示该菌在本实验条件下的相对生长量。

本实验设计正常生长、加酸抑制和加富培养三种处理，以了解细菌在不同生长条件下的生长情况。

#### 三、实验材料和仪器

1. 实验材料

(1) 菌种：大肠杆菌(*Escherichia coli*)。

(2) 培养基：牛肉膏蛋白胨液体培养基 14 支(每支 10 mL)；浓缩 5 倍的牛肉膏蛋白胨培养基 1 支。

(3) 试剂：无菌酸溶液(甲酸∶乙酸∶乳酸=3∶1∶1)。

2. 实验仪器

1 mL 无菌吸管、试管、摇床、冰箱、光电比色计、标签等。

#### 四、实验内容

1. 方法 1

(1) 接种：取 13 支装有牛肉膏蛋白胨培养液的试管，贴上标签(注明菌名、培养处理方式、培养时间、组号)。按无菌操作法用吸管向每支试管准确加入 0.2 mL 大肠杆菌培养液，接种后，轻轻摇荡，使菌体混匀。另一支不接种的培养管注明 CK(对照)。

(2)培养：将接种后的培养管置于摇床上，在 37℃下振荡培养。其中，9 支培养管分别于培养的 0 h、1.5 h、3 h、4 h、6 h、8 h、10 h、12 h 和 14 h 后取出，放冰箱中储存，待测定。

加酸处理：取出经 4 h 培养的另两支培养管，按无菌操作法加入 1 mL 无菌酸溶液，摇匀后放回摇床上，继续振荡培养，分别培养 8 h 和 14 h 后取出，放冰箱中储存，待测定。

加富营养物处理：余下的两支培养管培养 6 h 后取出，按无菌操作法加入浓缩 5 倍的牛肉膏蛋白胨培养液 1 mL，摇匀后，继续进行振荡培养，分别培养 8 h 和 14 h 后取出，放入冰箱中储存，待测定。

(3)比浊：将培养不同时间、形成不同细胞浓度的细菌培养液进行适当稀释，使吸光度在 0.2～0.7，以未接种的牛肉膏蛋白胨液体培养液为空白调零点，在光电比色计上，选用 600～660 nm 波长的滤光片进行比浊，从最稀浓度的菌悬液开始，依次测定。

2. 方法 2

将大肠杆菌接入装有牛肉膏蛋白胨培养液的小试管中(试管要能插入放比色杯的比色槽内)。37℃下振荡培养，分别在 0 h、1.5 h、3 h、4 h、6 h、8 h、10 h、12 h 和 14 h 后取出，以未接种的牛肉膏蛋白胨液体培养液为空白调零点，在光电比色计上比色。比色时应自制一个暗盒，将培养管和比色槽罩住，以形成一个暗室。

## 五、实验结果

读取并记录每一次数据(表 1)。

**表 1　不同稀释倍数下的菌体浓度**

| 稀释倍数 | 1 | 2 | 5 | 10 | 50 |
|---|---|---|---|---|---|
| $A_{600}$ | | | | | |
| 菌体浓度 | | | | | |

计算：

$$菌体浓度=A_{600}\times稀释倍数$$

绘制曲线：以菌悬液的吸光度($A$)为纵坐标、培养时间为横坐标，给出大肠杆菌在正常生长、加酸抑制和加富培养三种条件下的生长曲线。

如果我们将上述培养 0 h、1.5 h、3 h、4 h、6 h、8 h、10 h、12 h 和 14 h 的菌悬液用稀释平板测数法进行测数，测出不同时间的含菌数，以菌悬液比浊的吸光度为横坐标，以细菌的数量为纵坐标，绘制一标准曲线，这样在测得了任一培养时间的菌悬液吸光度后，就可以在此标准曲线上查出含菌数。这种方法已在工业上广泛采用，它可以节省许多稀释平板测数的时间，直接用比浊法测得菌体吸光度，然后对照标准曲线得到菌体浓度，以了解各个培养时期的菌数消长情况。

## 六、思考题

(1) 样品为什么要稀释？吸光度为什么应控制在 0.2～0.7？

(2) 为什么测定菌体浓度的波长要取 600～660 nm？

(3) 测定误差可能在哪些操作中存在？

# 实验十八　镜检计数法测定发酵液中菌体浓度

## 一、实验目的

掌握镜检计数法测定酵母菌发酵液中菌体浓度的操作技能。

## 二、实验原理

采用血细胞计数板对酵母菌进行镜检计数。血细胞计数板是一块特制的厚玻片，中央部分剖成两个平台，每个平台上面刻有一个计数区域，每个计数区域包含 9 个大格，中央的一个大格为计数室，长和宽各为 1 mm。中央平台两侧有小沟，小沟外有两条比中央平台高 0.1 mm 的平台，因此计数室体积为 0.1 $mm^3$，容积为 $10^{-4}$ mL。通常计数室(大格)分为 25 个中格，每个中格又分为 16 个小格，每个小格容积为 $4\times10^{-6}$ mL，即 1 mL 菌液容积相当于 400 万个小格体积。因此，只要将细胞悬液注入计数室，计算出一定数量小格的平均菌数即可算出每毫升的细胞数。

## 三、实验材料和仪器

### 1. 实验材料

(1) 菌种：啤酒酵母。

(2) 培养基：

①菌种活化培养基：10 °Bx 麦芽汁固体斜面培养基，pH=5.0。

②三角瓶液体培养基：10 °Bx 麦芽汁培养基，pH=5.0；或葡萄糖 10%，玉米浆 1%，尿素 0.2%，pH=5.0。

### 2. 实验仪器

恒温摇床、超净工作台、抽滤装置、显微镜、血细胞计数板、分光光度计、恒温干燥箱、250 mL 三角瓶等。

## 四、实验内容

(1) 培养基制备：取 250 mL 三角瓶 6 只，分别装入上述液体培养基 100 mL，用 8 层纱布封口，121℃高压蒸汽灭菌 20 min，取出置于超净台上冷却备用。

(2) 菌种活化与培养：将啤酒酵母转接至 10 °Bx 麦芽汁固体斜面培养基，30℃培养

24 h。刮取斜面菌种 2～3 环，转入 20 mL 预灭菌的生理盐水中，充分摇匀。吸取 1 mL 菌悬液，转接入三角瓶培养基中，振荡混匀后置于 200 r/min 的摇床上于 30℃恒温培养，每隔 6 h 取样 3 瓶，共取样 6 次。为消除瓶间生长不平衡而产生的误差，可将每次取样的 3 瓶样品混合均匀，然后再分成三瓶，三种测定方法各用一瓶。取样后最好立即测定，如果条件不允许，可将样品置于 4℃冰箱冷藏待测。

(3) 将 6 瓶不同时刻的样品充分摇匀，分别取 1 mL 菌液进行 10 倍梯度系列稀释，稀释度选择以血细胞计数板小格中分布的菌体清晰可数(每小格内含 4～5 个菌体)为宜。取出一块干净盖玻片盖在计数板中央，用滴管吸取 1 滴菌稀释悬液注入盖玻片边缘，让菌液自行渗入，若菌液太多可用吸水纸吸去。静置 5～10 min，待细胞不动后进行镜检计数。先用低倍镜找到计数室的方格，再用高倍镜计数。一般应计取上下及中央五个中格的总菌数。每个样品重复 3 次。每毫升菌液中的含菌量可按下式计算：

$$X=\chi\times400\times10^4\times n$$

式中，$X$ 为菌体细胞数，个/mL；$\chi$ 为小格内平均细胞数；$n$ 为稀释倍数。

## 五、实验结果

用镜检计数法来测定培养 6 h、12 h、18 h、24 h、36 h、48 h、…的酵母细胞数量，绘制酵母细胞生长曲线。

## 六、思考题

(1) 常用的菌体量的测定方法有哪些？如何根据微生物的菌种特性与培养状态选择合适的测定方法？

(2) 某同学采用血细胞计数板对酵母菌进行计数时，能够清晰看见菌体，但看不见计数区域小格间的分界线，试分析原因，如何调整？

# 实验十九　测定菌体干重

## 一、实验目的

掌握测定菌体干重的方法，分析了解菌体干重与比浊法测定的吸光度之间的关系。

## 二、实验原理

在不含固体的培养液中培养微生物，发酵液中的固体全是菌体，因此可以通过离心得到湿菌体，并用适当的方法干燥，得到干菌体的量可直接反映菌体生长量的多少。

## 三、实验材料和仪器

### 1. 实验材料

菌种：大肠杆菌、发酵培养液(同实验十七)。

2. 实验仪器

离心机、恒温干燥箱、分析天平等。

## 四、实验内容

大肠杆菌菌液提前准备好。

(1) 将 2 个干燥的 10 mL 离心管放入 95℃恒温干燥箱烘 2 h 取出，放入干燥器，待试管冷却后称重得到 $m_{空1}$、$m_{空2}$。

(2) 在两试管中分别准确加入 10 mL 发酵液，注意发酵液需摇匀。

(3) 放入离心机，3000 r/min 离心 15 min(注意：离心之前要将欲离心的试管平衡并对称放入离心机，以免损坏离心机)。

(4) 同时测定该发酵液的 $A_{600}$ 值。

(5) 离心结束后，拿出试管。弃去上清液，将试管和其中的菌体放入 95℃恒温干燥箱烘干 12 h。

(6) 取出试管，放入干燥器，待冷却后称重，得到 $m_{菌1}$、$m_{菌2}$。

## 五、实验结果

记录：$m_{空1}$、$m_{空2}$、$m_{菌1}$、$m_{菌2}$、$A_{600}$。

计算：

$$m_{空均}=(m_{空1}+m_{空2})/2$$

$$m_{菌均}=(m_{菌1}+m_{菌2})/2$$

$$菌体干重\ m=m_{菌均}-m_{空均}$$

$$单位体积干重(g/mL)=m/V(本实验\ V\ 是\ 10\ mL)$$

菌体干重除以 $A_{600}$ 即得到两者的对应关系。在测定发酵过程的菌体浓度变化时，只要测得 $A_{600}$ 就可以计算出菌体干重。

## 六、思考题

(1) 放发酵液的离心管为什么事先要烘干？

(2) 离心机使用时要注意哪些问题？

(3) 什么样的发酵情况可以用测定细胞干重的方法测定菌体浓度？

# 第二节 糖含量测定

## 实验二十 DNS 法测定还原糖含量

## 一、实验目的

了解利用 3,5-二硝基水杨酸(DNS)溶液测定还原糖的原理，并掌握测定方法。

## 二、实验原理

在碱性条件下，葡萄糖与DNS试剂反应，葡萄糖被氧化成糖醛酸及其他产物，DNS试剂则被还原为棕红色的3-氨基-5-硝基水杨酸。在一定范围内，葡萄糖的量与棕红色物质(3-氨基-5-硝基水杨酸)颜色的深浅相关，利用分光光度计，在550 nm波长下测定吸光度，依据标准曲线并计算，便可求出样品中葡萄糖的含量。

## 三、实验材料和仪器

### 1. 实验材料

葡萄糖标准溶液、DNS试剂。

(1)葡萄糖标准溶液配制：取适量葡萄糖装入称量瓶，在85℃恒温干燥箱烘至恒重，放入干燥器冷却。精确称取干燥后的葡萄糖0.5 g加蒸馏水溶解，移至50 mL容量瓶中定容，制成10 g/L的葡萄糖溶液。取蒸馏水稀释成葡萄糖标准液，浓度为0.2 g/L、0.4 g/L、0.6 g/L、0.8 g/L、1.0 g/L、1.2 g/L、1.4 g/L、1.6 g/L、1.8 g/L、2.0 g/L。

(2)DNS试剂配制：准确称取DNS 6.3 g于500 mL烧杯中，用少量蒸馏水溶解后，加入2 mol/L NaOH溶液262 mL，再加到500 mL含有酒石酸钾钠($C_4H_4O_6KNa·4H_2O$，相对分子质量为282.22)185 g的热水溶液中，再加结晶苯酚($C_6H_5OH$，相对分子质量为94.11)5 g和无水亚硫酸钠($Na_2SO_3$，相对分子质量为126.04)5 g，搅拌溶解，冷却后移入1000 mL容量瓶中，用蒸馏水定容至1000 mL，充分混匀。储存于棕色瓶中，室温放置一周后使用。

### 2. 实验仪器

恒温干燥箱、干燥器、移液器等。

## 四、实验内容

### 1. 葡萄糖标准曲线的制作

分别取标准溶液1.0 mL于25 mL试管中，按表1加入各种试剂，沸水中显色5 min。冷却至室温后，加水至25 mL，摇匀，在550 nm处用分光光度计测定上述各溶液的$A_{550}$值。以葡萄糖浓度为纵坐标、$A_{550}$值为横坐标，做出标准曲线并回归出标准方程。

**表1　标准曲线的制作**

| 试管号 | 葡萄糖标准溶液浓度/(g/L) | 加量/mL | DNS试剂/mL |
|---|---|---|---|
| 0 | 0 | 0.0 | 3.0 |
| 1 | 0.2 | 1.0 | 3.0 |
| 2 | 0.4 | 1.0 | 3.0 |
| 3 | 0.6 | 1.0 | 3.0 |
| 4 | 0.8 | 1.0 | 3.0 |

续表

| 试管号 | 葡萄糖标准溶液浓度/(g/L) | 加量/mL | DNS 试剂/mL |
|---|---|---|---|
| 5 | 1.0 | 1.0 | 3.0 |
| 6 | 1.2 | 1.0 | 3.0 |
| 7 | 1.4 | 1.0 | 3.0 |
| 8 | 1.6 | 1.0 | 3.0 |
| 9 | 1.8 | 1.0 | 3.0 |
| 10 | 2.0 | 1.0 | 3.0 |

2. 发酵液中还原糖的测定

(1) 发酵液过滤或离心得到上清液。

(2) 用蒸馏水将上清液稀释到 0.2～2.0 g/L。

(3) 取稀释后的发酵滤液 1.0 mL 于 25 mL 刻度试管中，加入 DNS 试剂 3.0 mL，沸水中显色 5 min。

(4) 冷却至室温后，加蒸馏水定容到 25 mL，摇匀，在分光光度计波长 550 nm 处测定溶液 $A_{550}$ 值。

## 五、实验结果

(1) 制作标准曲线图。

(2) 记录稀释发酵滤液的吸光度 $A_{550}$。

(3) 计算。

①用回归法计算出标准曲线方程：

$$y=ax+b$$

式中，$y$ 为葡萄糖浓度，g/L；$x$ 为该浓度下的 $A_{550}$ 值。

②发酵液中的还原糖浓度计算：将测得的吸光度 $A_{550}$ 代入标准曲线方程，计算得到稀释液的还原糖浓度，然后乘以稀释倍数，即得到发酵液的还原糖浓度。

## 六、思考题

(1) 用 DNS 试剂测定还原糖浓度的原理是什么？

(2) 随着溶液中葡萄糖浓度的增加，DNS 显色反应的 $A_{550}$ 与葡萄糖浓度是否呈直线关系？

(3) 发酵液的还原糖测定中有哪些步骤影响测定准确性？

# 实验二十一　苯酚硫酸法测定发酵液中总糖含量

## 一、实验目的

了解苯酚硫酸法测定多糖的原理，测量蒽酮硫酸法不能测量的血清型样品中的多糖含量。

## 二、实验原理

糖在浓硫酸作用下水解生成单糖，并迅速脱水生成糖醛衍生物，然后与苯酚缩合成橙黄色化合物，在10～100 mg其颜色深浅与糖的含量成正比，且在490 nm波长处有最大吸收峰。因此，可以利用分光光度计在此波长下测定其吸光度，并利用标准曲线定量测定样品的多糖含量。该方法可用于甲基化的糖、戊糖和多聚糖的测定，方法简单，灵敏度高，实验时基本不受蛋白质存在的影响，且产生的颜色稳定。

## 三、实验材料和仪器

### 1. 实验材料

葡萄糖标准液、90%苯酚液、6%苯酚液。

(1)葡萄糖标准液的配制：准确称取干燥至恒重的葡萄糖100 mg，用蒸馏水准确定容至100 mL，配制成1 mg/L的葡萄糖液，摇匀后准确吸取10 mL该溶液，蒸馏水稀释定容至100 mL，即得100 μg/mL的葡萄糖标准液。

(2)90%苯酚液的配制：准确称取苯酚90 mL，蒸馏水定容至100 mL，即得90%苯酚液，置于棕色瓶中避光保存。

(3)6%苯酚液的配制：将90%苯酚液稀释至6%，即1体积储存液对应14体积纯水，现用现配。

### 2. 实验仪器

蒸馏装置、分光光度计、分析天平、刻度试管、坐标纸或电脑等。

## 四、实验内容

### 1. 葡萄糖标准曲线的绘制

取8支干净的具塞试管按表1所示方法操作，先在冰水浴中加入0.5 mL苯酚溶液，振荡摇匀后缓慢逐滴加入浓硫酸，以不放热或微量放热为宜，摇匀后恒温加塞，沸水放置20 min，取出后于凉水中冷却10 min，以0号作为空白调零，在最大吸收波长处(490 nm)测定吸光度。以葡萄糖浓度 $X$ 为横坐标(μg/mL)、吸光度 $Y$ 为纵坐标，绘制标准曲线，用Excel软件求得回归方程。

**表1　葡萄糖标准曲线试剂添加量**

| 管号 | 0 | 1 | 2 | 3 | 4 | 5 | 6 | 7 |
|---|---|---|---|---|---|---|---|---|
| 葡萄糖溶液/mL | 0.0 | 0.1 | 0.2 | 0.3 | 0.4 | 0.6 | 0.8 | 1.0 |
| 苯酚溶液/mL | 0.5 | 0.5 | 0.5 | 0.5 | 0.5 | 0.5 | 0.5 | 0.5 |
| 浓硫酸/mL | 3.0 | 3.0 | 3.0 | 3.0 | 3.0 | 3.0 | 3.0 | 3.0 |

2. 待测样品多糖的测定与计算

将发酵液离心，取上清液进行多糖的测定。将发酵液上清液进行适当稀释，按标准曲线中的测定方法，以样液为参比液，测定溶液的吸光度，按回归方程计算待测溶液的多糖浓度，注意乘换算系数。

## 五、实验结果

按照下列公式计算发酵液中总糖的含量 $\omega$：

$$\omega(\text{总糖})=(N\times V_1/V_2)\times n$$

式中，$\omega$(总糖)为发酵液中总糖的浓度，mg/L；$N$ 为水解后还原糖的质量浓度，mg/mL；$V_1$ 为样品中总糖提取液的体积，mL；$V_2$ 为测定稀释发酵液的体积，mL；$n$ 为发酵液稀释倍数。

## 六、注意事项

(1) 总糖：食品中的总糖通常是指具有还原性的糖(葡萄糖、果糖、乳糖、麦芽糖等)和在测定条件下能水解为还原性单糖的糖的总量。

(2) 该方法适用于可溶性还原糖的测定。测定结果是还原性糖和能水解为还原性单糖的糖的总和。

(3) 如果要求结果中不含淀粉，则样品处理不应用高浓度酸，而应改用 80%乙醇。

(4) 若样液较深，可用活性炭脱色。

(5) 遵守浓硫酸的安全使用操作。

## 七、思考题

(1) 苯酚硫酸法与蒽酮硫酸法测定多糖的区别是什么？

(2) 苯酚硫酸法测定发酵液中的总糖含量可能造成测定结果的误差有哪些？

(3) 简述苯酚硫酸法测定多糖的原理。

# 实验二十二　酶试剂盒法测定葡萄糖含量

## 一、实验目的

了解酶试剂盒法测定葡萄糖含量的原理，掌握用酶试剂盒测定葡萄糖的方法。

## 二、实验原理

$$\text{葡萄糖}+O_2+H_2O \xrightarrow{\text{葡萄糖氧化酶}} \text{葡萄糖酸}+H_2O_2$$

$$H_2O_2+\text{苯酚}+\text{4-氨基安替比林} \xrightarrow{\text{过氧化物酶}} \text{醌亚胺}+H_2O$$

醌亚胺为红色化合物，可在波长 505 nm 处检测到，颜色深浅与葡萄糖含量成正比。

由于酶对底物的专一性，用试剂盒测得的是葡萄糖的浓度，而不是还原糖的浓度，测得的葡萄糖浓度较其他方法更为准确。

## 三、实验材料和仪器

葡萄糖试剂盒、可见光分光光度计、恒温水浴锅等。

## 四、实验内容

(1)用蒸馏水将1%苯酚(10 g/L)稀释至0.1%，将0.1%苯酚溶液与等量酶试剂混合成酶工作液。

(2)将发酵液过滤或离心得到上清液。

(3)稀释上清液到葡萄糖浓度为1 g/L左右。

(4)按表1加入试剂，放在37℃水浴中保温20 min，在505 nm处比色，以空白管调零，读取每个试管内样品的吸光度($A_{505}$)。

**表1　葡萄糖酶法测定的用量**

| 项目 | 空白管 | 标准管 | 测定管 |
| --- | --- | --- | --- |
| 蒸馏水/μL | 20 | — | — |
| 标准液/μL | — | 20 | — |
| 样品/μL | — | — | 20 |
| 酶工作液/mL | 3.0 | 3.0 | 3.0 |

## 五、实验结果

(1)记录标准管和测定管的$A_{505}$。

(2)计算：

$$(\text{测定管}A_{505}/\text{标准管}A_{505})\times100/18=\text{葡萄糖含量(mmol/L)}$$

式中，18为单位换算系数。血糖浓度单位mg/dL转换为mmol/L要除以换算系数18(即葡萄糖相对分子质量180除以10)。

## 六、思考题

(1)用试剂盒测定葡萄糖浓度的原理是什么？有什么优点？

(2)试剂盒放置时间长对葡萄糖的测定有没有影响？为什么？

# 第三节　氮含量测定

## 实验二十三　靛酚蓝分光光度法测定发酵液的铵态氮

## 一、实验目的

了解靛酚蓝分光光度法测定铵离子的原理，并掌握测定方法。

## 二、实验原理

在碱性溶液（pH=10.4～11.5）中铵离子与次氯酸盐反应生成一氯（代）胺。在苯酚和过量次氯酸盐存在的情况下，硝酸盐作催化剂，一氯（代）胺生成蓝色化合物靛酚蓝，该化合物在 630 nm 处有最高吸收峰，因此可以通过测定 $A_{630}$ 来测定样品中铵离子的浓度。该方法适用于 0.00～100 mg/L $NH_4^+$ 的测定。

## 三、实验材料和仪器

### 1. 实验材料

苯酚（$C_6H_5OH$）、亚硝基铁氰化钠二水合物[$Na_2Fe(CN)_5NO·2H_2O$]、NaOH、次氯酸钠（NaClO）、$Na_2HPO_4$、$NH_4Cl$ 和 $Na_2S_2O_3$。化学试剂均为分析纯，水为双蒸水或去离子水。

试剂 A：称取苯酚 10 g 和亚硝基铁氰化钠二水合物 100 mg，用蒸馏水溶解后定容至 1000 mL。

试剂 B-Ⅰ：称取 $Na_2HPO_4$ 56.8 g 和 NaOH 8 g，用蒸馏水溶解后定容至 1000 mL。

试剂 B-Ⅱ：NaClO（含有活性氯≥5.2%，NaOH 7.0%～8.0%）。

试剂 B：Ⅱ∶Ⅰ=1∶100（体积分数），pH=11.5～11.7，混匀备用。

铵标准溶液（100 mg/L $NH_4^+$）：$NH_4Cl$ 在 100℃干燥 1 h 后放入干燥器中冷却。将干燥的 $NH_4Cl$ 0.2965 g 溶于 1000 mL 容量瓶中，稀释至刻度。可在冰箱中储存 6 个月。

### 2. 实验仪器

分光光度计、比色杯、水浴锅、10 mL 试管、容量瓶、移液管、微量移液器等。

## 四、实验内容

### 1. $NH_4^+$ 标准曲线的制作

（1）将 0.0 mL、5.0 mL、10.0 mL、25.0 mL、50.0 mL、75.0 mL、100.0 mL 铵标准溶液转移至 100 mL 容量瓶中，用水稀释至刻度，溶液的 $NH_4^+$ 浓度分别是 0 mg/L、5 mg/L、10 mg/L、25 mg/L、50 mg/L、75 mg/L 和 100 mg/L。各取 20 μL 该溶液加入试管中。

（2）向试管中加入试剂 A 2.5 mL 混匀。再加入试剂 B 2.5 mL 混匀，37℃反应 30 min，630 nm 比色测定（用水作对照）。

（3）用吸光度 $A_{630}$ 和对应的 $NH_4^+$ 浓度绘制标准曲线。

（4）为了检验试剂中 $NH_4^+$ 的浓度，测定 $NH_4^+$ 浓度为 0.00 mg/L 的吸光度，不应超过 0.020。

### 2. 样品测定

取样品 20 μL 于 10 mL 试管中，按照 $NH_4^+$ 标准曲线制作中步骤（2）操作。用标准曲线将吸光度换算成 $NH_4^+$ 浓度（mg/L）。若样品 $NH_4^+$ 浓度超过 100 mg/L，则必须稀释。

3. 注意事项

(1) $Fe^{3+}$浓度超过 2 mg/L 会有干扰。

(2) 如果样品 pH 低于 3，必须将样品调至中性。

(3) 如果溶液浑浊，必须将溶液过滤。

## 五、实验结果

(1) 标准曲线测定数据(表 1)。

**表 1　标准曲线测定数据**

| 编号 | 0 | 1 | 2 | 3 | 4 | 5 | 6 |
|---|---|---|---|---|---|---|---|
| 浓度/(mg/L) | 0 | 5 | 10 | 25 | 50 | 75 | 100 |
| $A_{630}$ | | | | | | | |

(2) 画出标准曲线并得出回归方程。

(3) 记录样品 $A_{630}$，计算样品的 $NH_4^+$浓度。

## 六、思考题

(1) 靛酚蓝分光光度法测定铵离子的原理是什么？

(2) 哪个分析试剂能维持反应的 pH？

(3) 哪些操作可能引起误差？

# 实验二十四　甲醛滴定法测定发酵液中的氮含量

## 一、实验目的

了解甲醛滴定法测定氮含量的原理，并掌握测定方法。

## 二、实验原理

利用甲醛滴定法测定氮含量，测得结果是发酵液中氨氮和氨基氮含量的总和。

氨氮测定原理：一分子铵盐与甲醛作用，生成六次甲基四胺及一分子无机酸，用 NaOH 滴定生成的无机酸，从而测出氨氮的含量。

氨基氮测定原理：氨基酸的氨基与甲醛结合后，使氨基酸碱性消失，再用标准碱液来滴定羧基，测出氨基氮的含量。

## 三、实验材料和仪器

1. 实验材料

(1) 中性甲醛：36%～40%甲醛加 2 倍水稀释，临用前加一滴酚酞指示剂，用 0.03569

mol/L NaOH 调至微红色。

(2) 0.03569 mol/L NaOH：称取固体 NaOH 40 g，加 500 mL 左右的蒸馏水溶解，然后定容到 1000 mL，即配制成 1 mol/L NaOH 溶液。量取 1 mol/L NaOH 35.7 mL 于 1000 mL 试剂瓶中，加蒸馏水至刻度，摇匀标定。

标定：精确称取经研细并在 105℃烘至恒重的 GR 级邻苯二甲酸氢钾 0.15～0.17 g 于 250 mL 三角瓶中，加入新煮沸的蒸馏水 50 mL，以酚酞为指示剂，用配制的 NaOH 溶液滴定至红色，以 30 s 不褪色为终点。

$$N_{NaOH}=\frac{M_{KHC_8H_4O_4}}{V_{NaOH}\times 204.2}$$

式中，$N_{NaOH}$ 为 NaOH 的摩尔浓度，mol/L；$M_{KHC_8H_4O_4}$ 为邻苯二甲酸氢钾的质量，mg；$V_{NaOH}$ 为滴定用的 NaOH 体积，mL；204.2 为邻苯二甲酸氢钾的相对分子质量。

(3) 0.5%酚酞：称取酚酞 2.5 g 溶于 500 mL 95%乙醇中，摇匀即成。

### 2. 实验仪器

恒温干燥箱、滴定管、移液器等。

## 四、实验内容

(1) 取发酵液 10 mL 于离心管中，3000 r/min 离心 10 min。

(2) 吸取离心后的上清液 2.5 mL 于 250 mL 的三角瓶中，加水约 50 mL。

(3) 加甲基红指示剂 2～3 滴，加 1 mol/L HCl 1～2 滴，使溶液呈微红色，放置 3 min。

(4) 用 0.03569 mol/L NaOH 调至橙黄色（红色褪去），加入 12%中性甲醛 10 mL，放置 5～10 min。

(5) 加酚酞指示剂 1～2 滴，用 0.03569 mol/L NaOH 滴定至微红色为终点。

## 五、实验结果

(1) 记录 0.03569 mol/L NaOH 滴定样品的体积（mL）。

(2) 计算：

$$\text{氮含量}=\frac{N_{NaOH}\times V_{NaOH}\times 14.01}{2.5}\times 100$$

式中，$V_{NaOH}$ 为滴定用 NaOH 的摩尔浓度（0.03569 mol/L）；$V_{NaOH}$ 为滴定用 NaOH 的体积，mL。

注：在发酵中由于有机氮源的含量远大于铵离子浓度，因此该方法测定的氮含量就近似为氨基氮含量。

## 六、思考题

(1) 在用甲醛滴定之前为什么要先加 1 mol/L HCl 酸化，然后再用 NaOH 中和至中性？

(2) 配制 1 mol/L NaOH 时要不要在分析天平上精确称取？为什么？

(3) 甲醛滴定法测定氮的原理是什么？

# 第四节　蛋白质和氨基酸含量的测定

## 实验二十五　双缩脲法测定蛋白质含量

### 一、实验目的

了解双缩脲法测定蛋白质含量的原理，并掌握测定方法。

### 二、实验原理

具有两个或两个以上肽键的化合物皆有双缩脲反应。在碱性溶液中双缩脲与$Cu^{2+}$形成紫红色络合物，其最大光吸收在540 nm处。蛋白质含有2个以上的肽键，与双缩脲的结构类似，也能与$Cu^{2+}$形成紫红色络合物。该紫红色络合物颜色深浅与蛋白质含量成正比，与蛋白质的相对分子质量和氨基酸组成无关，因此可用于定量测定蛋白质的含量，测定蛋白质浓度为1～10 mg/mL。

### 三、实验材料和仪器

1. 实验材料

①双缩脲试剂：取$CuSO_4 \cdot 5H_2O$ 2.0 g和酒石酸钾钠（$KNaC_4H_4O_6 \cdot 4H_2O$）6.0 g溶于500 mL蒸馏水中，搅拌加入10% NaOH溶液300 mL，用水稀释至1000 mL，储存于塑料瓶中。此试剂可长期保存，若瓶中有黑色沉淀出现，则需要重新配制。

②标准蛋白质溶液：取结晶牛血清白蛋白，用0.9% NaCl或水配制成10 mg/mL蛋白质溶液10 mL。

2. 实验仪器

可见光分光光度计、大试管、漩涡振荡器等。

### 四、实验内容

1. 标准曲线的制作

试管中分别加入标准蛋白质溶液0 mL、0.2 mL、0.4 mL、0.6 mL、0.8 mL、1.0 mL，用蒸馏水补足到1 mL，得到0 mg/mL、2 mg/mL、4 mg/mL、6 mg/mL、8 mg/mL、10 mg/mL的标准蛋白溶液。加入双缩脲试剂4 mL，充分混匀后，30℃保温15 min，在540 nm波长处测定吸光度$A_{540}$(用蒸馏水作空白)，每组重复两次，以蛋白质浓度为横坐标、$A_{540}$值为纵坐标绘制标准曲线，根据曲线找出吸光度与浓度的对应关系，求出标准曲线方程。

2. 测定样品中的蛋白质含量

取大肠杆菌发酵液10 mL，3000 r/min离心15 min，得到上清液。取1 mL上清液，加入 4 mL 双缩脲试剂，充分混匀后，室温下放置 15 min，在 540 nm 波长处测定吸光度 $A_{540}$，查标准曲线回归方程求得蛋白质含量。

## 五、实验结果

(1) 记录标准曲线测定数据(表 1)。

**表 1　标准曲线测定数据**

| 样品号 | 0 | 1 | 2 | 3 | 4 | 5 |
|---|---|---|---|---|---|---|
| 蛋白质浓度/(mg/mL) | 0 | 2 | 4 | 6 | 8 | 10 |
| $A_{540}$ | | | | | | |

(2) 记录样品蛋白 $A_{540}$。

(3) 计算：

根据标准曲线测定数据，计算出标准曲线回归方程。

将测定的 $A_{540}$ 代入标准曲线方程计算得到样品的蛋白质含量。

## 六、思考题

(1) 发酵液测定蛋白质含量需要进行怎样的处理？为什么？

(2) 测定时保温时间长短对结果是否有影响？

# 实验二十六　Folin-酚法测定蛋白质浓度

## 一、实验目的

(1) 学习掌握 Folin-酚法测定蛋白质浓度的原理和方法；

(2) 测定实验中原液和洗脱液中蛋白质的含量；

(3) 掌握分光光度计的使用方法。

## 二、实验原理

蛋白质分子中含有的肽键在碱性条件下可以与 $Cu^{2+}$螯合形成蛋白质-$Cu^{2+}$复合物，即发生双缩脲反应，而此复合物中带酚羟基的酪氨酸或色氨酸可以还原 Folin-酚试剂的磷钼酸盐-磷钨酸盐，产生蓝色物质(钼蓝和钨蓝的混合物)，即发生 Folin-酚显色反应。同时，在碱性条件下 Folin-酚试剂极不稳定，易被蛋白质还原而呈蓝色。在一定浓度范围内，蓝色物质的蓝色深浅与蛋白质浓度成正比，故通过测定相应浓度梯度的蛋白质标准溶液吸光度可做出标准曲线，根据供试品中蛋白质溶液吸光度可求出供试品中蛋白质的含量。

## 三、实验材料和仪器

### 1. 实验材料

(1) 绿豆芽下胚轴(也可用其他材料如面粉)。

(2) 试剂(均为分析纯)：

①0.5 mol/L NaOH。

②试剂甲：

A 液：称取 $Na_2CO_3$ 10 g、NaOH 2 g 和酒石酸钾钠 0.25 g，溶解后用蒸馏水定容至 500 mL。

B 液：称取 $CuSO_4 \cdot 5H_2O$ 0.5 g，溶解后用蒸馏水定容至 100 mL。

每次使用前将 A 液 50 份与 B 液 1 份混合，即试剂甲，其有效期为 1 天，过期失效。

③试剂乙：

Folin-酚试剂，可购买也可按下述方法自己制备。

在 1.5 L 容积的磨口回流器中加入钨酸钠 100 g、钼酸钠 25 g 和蒸馏水 700 mL，再加入 85%磷酸 50 mL 和浓盐酸 100 mL 充分混匀，接上回流冷凝管，以小火回流 10 h。回流结束后，加入硫酸锂 150 g 和蒸馏水 50 mL 及数滴液体溴，开口继续沸腾 15 min，驱除过量的溴，冷却后溶液呈黄色(倘若仍呈绿色，再滴加数滴液体溴，继续沸腾 15 min)。然后稀释至 1 L，过滤，滤液置于棕色试剂瓶中保存。使用前大约加水 1 倍，使最终浓度相当于 1 mol/L。

### 2. 实验仪器

可见光分光光度计、高速离心机、分析天平、容量瓶(100 mL)、移液管(0.5 mL、1 mL、5 mL)、量筒、试管、移液器等。

## 四、实验内容

### 1. 标准曲线的制作

(1) 配制标准牛血清白蛋白溶液：在分析天平上精确称取结晶牛血清白蛋白 0.0250 g，倒入小烧杯内，用少量蒸馏水溶解后转入 100 mL 容量瓶中，烧杯内的残液用少量蒸馏水冲洗数次，冲洗液一并倒入容量瓶中，用蒸馏水定容至 100 mL，则配成 250 μg/mL 的牛血清白蛋白溶液。

(2) 系列标准牛血清白蛋白溶液的配制：取 6 支试管，按表 1 平行加入标准浓度的牛血清白蛋白溶液和蒸馏水，配成一系列不同浓度的牛血清白蛋白溶液。然后各加试剂甲 5 mL，混合后在室温下放置 10 min，再各加试剂乙 0.5 mL，立即混合均匀。在 30℃保温(或在室温下放置) 30 min 后，以不含蛋白质的 1 号试管为对照，用可见光分光光度计于 650 nm 波长下测定各试管中溶液的吸光度并记录结果。

**表 1　标准牛血清白蛋白溶液的配制**

| 试管编号 | 1 | 2 | 3 | 4 | 5 | 6 |
|---|---|---|---|---|---|---|
| 标准蛋白溶液/mL | 0 | 0.2 | 0.4 | 0.6 | 0.8 | 1.0 |
| 蒸馏水/mL | 1.0 | 0.8 | 0.6 | 0.4 | 0.2 | 0.0 |
| 蛋白质含量/μg | 0 | 50 | 100 | 150 | 200 | 250 |

标准曲线的绘制：以牛血清白蛋白含量(μg)为横坐标，以吸光度为纵坐标，绘制标准曲线。

2. 样品中蛋白质的提取及测定

(1)准确称取绿豆芽下胚轴 1 g，放入研钵中，加蒸馏水 2 mL，研磨匀浆。将匀浆转入离心管，并用 6 mL 蒸馏水分次将研钵中的残渣洗入离心管，4000 r/min 离心 20 min。将上清液转入 50 mL 容量瓶中，用蒸馏水定容至刻度，作为待测液备用。

(2)取普通试管 2 支，各加入待测溶液 1 mL，分别加入试剂甲 5 mL，混匀后放置 10 min，再各加试剂乙 0.5 mL，迅速混匀，室温下放置 30 min，于 650 nm 波长下测定吸光度，并记录结果。

## 五、实验结果

计算出两个重复样品吸光度 $A_{650}$ 的平均值，从标准曲线中查出相对应的蛋白质含量 $X$(μg)，再按下列公式计算样品中蛋白质的浓度。

$$\text{样品的蛋白质浓度}=\frac{X(\mu g)\times \text{稀释倍数}}{\text{样品质量（g）}\times 10^6}\times 100\%$$

## 六、注意事项

(1)进行测定时，加 Folin-酚试剂乙要特别小心，因为 Folin-酚试剂乙仅在酸性条件下稳定，但此实验的反应是在 pH 为 10 的情况下发生的，所以当加 Folin-酚试剂乙时，必须立即混匀(加一管摇一管)，以便在磷钼酸-磷钨酸试剂被破坏之前能发生还原反应，否则会使显色程度减弱。

(2)该方法也可用于游离酪氨酸和色氨酸的测定。

## 七、思考题

(1)含有什么氨基酸的蛋白质能与 Folin-酚试剂呈蓝色反应？

(2)测定蛋白质含量除了 Folin-酚试剂显色法以外，还可以用什么方法？

(3)应用该方法有哪些干扰作用？为什么？应如何注意？

# 实验二十七　考马斯亮蓝法测定蛋白质浓度

## 一、实验目的

学习考马斯亮蓝法测定蛋白质浓度的原理和方法。

## 二、实验原理

考马斯亮蓝法测定蛋白质浓度，是利用蛋白质与染料结合的原理定量测定微量蛋白质的方法，该方法快速、灵敏。考马斯亮蓝 G-250 染料在酸性溶液中与蛋白质结合，使染料的最大吸收峰由 465 nm 变为 595 nm，溶液的颜色也由棕黑色变为蓝色。通过测定

595 nm 处光吸收的增加量可知与其结合蛋白质的量。染料主要与蛋白质中的碱性氨基酸（特别是精氨酸）和芳香族氨基酸残基结合。

## 三、实验材料和仪器

### 1. 实验材料

考马斯亮蓝试剂：考马斯亮蓝 G-250 100 mg 溶于 50 mL 95%乙醇中，加入 85%磷酸 100 mL，用蒸馏水稀释至 1000 mL。

标准蛋白质溶液：取结晶牛血清白蛋白，用 0.15 mol/L NaCl 配制成 1 mg/mL 蛋白质溶液。

待测蛋白质溶液：待测蛋白质样品根据估计蛋白质浓度，用 0.15 mol/L NaCl 稀释至 10～60 μg/mL。

### 2. 实验仪器

试管 15 mm×150 mm，试管架，移液管 0.5 mL（×2）、1 mL（×2）、5 mL（×1），恒温水浴锅，分光光度计等。

## 四、实验内容

### 1. 标准曲线的制作

取 7 支试管，按表 1 加入各种试剂，摇匀，20～25℃放置 15 min，以 0 号管为空白对照，在 595 nm 处比色，读取 $A_{595}$。

**表 1　标准曲线制作加入试剂量**

| 试管编号 | 0 | 1 | 2 | 3 | 4 | 5 | 6 |
|---|---|---|---|---|---|---|---|
| 标准蛋白质溶液/mL | 0 | 0.01 | 0.02 | 0.03 | 0.04 | 0.05 | 0.06 |
| 0.15 mol/L NaCl/mL | 0.1 | 0.09 | 0.08 | 0.07 | 0.06 | 0.05 | 0.04 |
| 考马斯亮蓝试剂/mL | 5 | 5 | 5 | 5 | 5 | 5 | 5 |

以 $A_{595}$ 为纵坐标、标准蛋白质浓度为横坐标，绘制标准曲线。

### 2. 未知样品蛋白质浓度测定

取 1 mL 稀释后的待测样品，加入试管中，再加入 5 mL 考马斯亮蓝试剂，摇匀，20～25℃放置 15 min，以制作标准曲线的 0 号管为空白对照，在 595 nm 处比色，读取 $A_{595}$，在标准曲线上查出其相当于标准蛋白质的量。

## 五、实验结果

（1）记录标准曲线制作的 $A_{595}$。

(2) 记录待测样品的 $A_{595}$。

(3) 绘制标准曲线，并计算出标准曲线公式。

(4) 计算待测样品 $A_{595}$ 所对应的蛋白质浓度：

未知样品的蛋白质浓度(mg/mL)=从标准曲线查得浓度×稀释倍数

## 六、注意事项

(1) 在试剂加入后的 5～20 min 内测定吸光度，因为在这段时间内颜色是最稳定的。

(2) 测定中，蛋白-染料复合物会有少部分吸附于比色杯壁上，测定完后可用乙醇将蓝色的比色杯洗干净。

## 七、思考题

(1) 考马斯亮蓝法测定蛋白质浓度的原理是什么？

(2) 待测样品的蛋白质含量应稀释到多大浓度？如果浓度过大或过小对测定有什么影响？

(3) 颜色反应的时间对测定结果有没有影响？应该如何控制？

# 实验二十八　茚三酮比色法测定氨基酸浓度

## 一、实验目的

掌握用茚三酮比色法测定 $\alpha$-氨基氮的原理和方法。

## 二、实验原理

氨基酸与茚三酮水合物在弱酸条件下共加热时，氨基酸被氧化脱氨、脱羧，而茚三酮水合物被还原，还原的茚三酮可与氨基酸加热分解产生的氨结合，再与另一分子未还原的茚三酮缩合成为蓝紫色化合物，该化合物在 570 nm 处有最大吸光度，且颜色深浅与 $\alpha$-氨基氮含量成正比。因此，可以通过测定反应液中的吸光度，计算样品中的 $\alpha$-氨基氮含量。

## 三、实验材料和仪器

### 1. 实验材料

(1) 发色剂：称取磷酸氢二钠($Na_2HPO_4 \cdot 12H_2O$) 10 g、磷酸二氢钾($KH_2PO_4$) 6 g、茚三酮 0.5 g 和果糖 0.3 g，混匀，用水溶解并定容至 100 mL，将溶液储存于棕色瓶中，放入冰箱保存。

(2) 稀释溶液：称取碘酸钾 2 g 溶于 600 mL 水中，加入 95%(体积分数) 乙醇 400 mL，混匀，于 5℃保存。

(3) 甘氨酸标准储备液：称取甘氨酸 0.1072 g，用水溶解并定容至 100 mL，于 0℃储存。

(4) 甘氨酸标准使用液（$\alpha$-氨基氮 2 mg/L）：吸取甘氨酸标准储备液 1.00 mL，用水稀释并定容至 100 mL。使用时现配。

2. 实验仪器

分光光度计、恒温水浴锅等。

## 四、实验内容

1. 氨基酸标准曲线的制作

分别取氨基酸标准使用液 0 mL、0.4 mL、0.8 mL、1.2 mL、1.6 mL、2.0 mL 于试管中，用水补足至 2 mL。各加入发色剂 1.00 mL，混匀，塞盖，将试管放入沸水浴中，准确加热 16 min，在 20℃水浴中冷却 20 min。再各加入稀释溶液 5.00 mL，充分摇匀。以空白液管为空白调节吸光度零点，于 570 nm 波长下，测量吸光度（脯氨酸和羟脯氨酸与茚三酮反应呈黄色，应测定 $A_{440}$）。

以吸光度 $A_{570}$ 为纵坐标、氨基酸含量为横坐标，绘制标准曲线。

2. 样品中氨基酸含量的测定

(1) 吸取试样 1.00 mL，用水稀释并定容至 100 mL。

(2) 取 4 支试管并编号，于 0 号试管中加入蒸馏水 2.00 mL，于 1～3 号试管中分别加入样液 2.00 mL，试管中各加入发色剂 1.00 mL，混匀，塞盖，将试管放入沸水浴中，准确加热 16 min，在 20℃水浴中冷却 20 min。再各加入稀释溶液 5.00 mL，充分摇匀。以空白液管为空白调节吸光度零点，于 570 nm 波长下，测量吸光度。测量应在 30 min 内完成。

将样品测定的 $A_{570}$ 与标准曲线对照，可确定样品中氨基酸的含量。

## 五、实验结果

$\alpha$-氨基氮含量的计算如下：

$$\alpha\text{-氨基氮含量(mg/L)} = A_{570}\text{与标准曲线对应值} \times \text{稀释倍数}$$

## 六、注意事项

(1) 为了防止从外界引进微量氨基酸，玻璃器皿必须洗干净，手只能接触其外部表面。移液管不能用口吸。

(2) 在测定中加入果糖是作为还原性发色剂。碘酸钾在稀释溶液中使茚三酮保持氧化态，以阻止副反应发生。

## 七、思考题

(1) 茚三酮比色法测定 $\alpha$-氨基酸的原理是什么？

(2) 本测定如果不采用标准曲线法测定 $\alpha$-氨基氮含量，还应如何测定？

# 第五节 无机磷含量的测定

## 实验二十九 钼酸铵法测定无机磷

### 一、实验目的

掌握钼酸铵法测定无机磷的原理和方法。

### 二、实验原理

在酸性溶液中，实验溶液在煮沸的情况下，聚磷酸盐水解为正磷酸盐，正磷酸盐与钼酸铵反应生成磷钼杂多酸，再用抗坏血酸还原成磷钼蓝，于 710 nm 波长处用分光光度法测定。磷钼蓝呈现蓝色，会选择性吸收红色光。磷钼蓝的蓝色深度与磷的含量在一定质量浓度范围内(大约 0.8 mg/L)服从朗伯-比尔定律，即溶液对单色光的吸收与溶液浓度及单色光通过的液层厚度成正比。

### 三、实验材料和仪器

1. 实验材料

磷酸二氢钾、钼酸铵、酒石酸锑钾、浓硫酸、抗坏血酸、乙二胺四乙酸二钠和甲酸，以上试剂均为分析纯。

(1) 磷酸根标准溶液：1.0 mL 含 $PO_4^{3-}$为 0.02 mg。

储备液：称取 0.287 g 于 105℃干燥过的磷酸二氢钾，溶于水中，转入 1000.0 mL 容量瓶，稀释至刻度摇匀，此溶液 1.0 mL 含 0.2 mg $PO_4^{3-}$。

标准液：吸取 50.0 mL 储备液于 500.0 mL 容量瓶中，稀释至刻度，此溶液 1.0 mL 含 0.02 mg $PO_4^{3-}$。

(2) 钼酸铵溶液：称 6.0 g 钼酸铵(A.R.)溶于 500.0 mL 水中，加入 0.2 g 酒石酸锑钾和 83.0 mL 浓硫酸(A.R.)，冷却后稀释至 1.0 L，混匀，储存于棕色瓶中，有效期为 6 个月。

(3) 抗坏血酸溶液：称 17.6 g 抗坏血酸溶于适量水中，加 0.2 g 乙二胺四乙酸二钠和 8 mL 甲酸，用水稀释至 1.0 L，混匀，储存于棕色瓶中，有效期为 15 天。

(4) (1+35) 硫酸：硫酸(A.R.)与水的体积比是 1∶35。

2. 实验仪器

分光光度计：波长范围 380～800 nm。

### 四、实验内容

1. 标准曲线的制作

在 7 个 50.0 mL 容量瓶中，分别加入 0.02 mg/mL 磷酸盐标准溶液 0.0 mL、1.0 mL、

2.0 mL、3.0 mL、4.0 mL、5.0 mL、6.0 mL，再依次加入 5.0 mL 钼酸铵和 3.0 mL 抗坏血酸，用水稀释至刻度，摇匀，放置 10 min。在 710 nm 波长处，用 1 cm 比色皿，以试剂空白作参照，测量其吸光度，并绘制标准曲线，得出线性回归方程 $A=KC+B$（$A$ 为吸光度，$C$ 为 $PO_4^{3-}$浓度，$K$ 为标准曲线斜率，$B$ 为标准曲线纵坐标截距）。

2. 试液的制备

称 0.2～3.0 g 试样（精确至 0.0002 g）溶于 250 mL 容量瓶中，用水稀释至刻度，摇匀即 A 试液。若为液体样品则直接吸取 2.0～5.0 mL 按下述步骤进行。

3. 样品测定

取 A 试液上层清液 2.0～5.0 mL 于 50 mL 比色管中，加入（1+35）硫酸 2.0 mL，加水约 20 mL，摇匀，水浴煮沸 10 min，取出，冷却，再依次加入 5.0 mL 钼酸铵和 3.0 mL 抗坏血酸，用水稀释至刻度，摇匀，放置 10 min。在 710 nm 波长处，用 1 cm 比色皿，以不加试液的空白调零，测定吸光度。

## 五、实验结果

$$\text{总无机磷}（PO_4^{3-}\text{计}）\% = \frac{M \times 50}{m \times V_1 / V}\ （\text{固体样品}）$$

$$\text{或总无机磷}（PO_4^{3-}\text{计}）\% = \frac{M \times 50}{V}\ （\text{液体样品}）$$

式中，$M$ 为根据标准曲线计算的 $PO_4^{3-}$的含量，mg/L；$m$ 为试样的质量，g；$V$ 为试样稀释为 A 试液的体积，mL；$V_1$ 为比色测定时移取 A 试液的体积，mL。

## 六、思考题

钼酸铵法测定无机磷的主要影响因素有哪些？

# 实验三十 钼钒法测定无机磷

## 一、实验目的

掌握钼钒法测定无机磷的原理和方法。

## 二、实验原理

磷溶液在酸性条件下，用钒钼酸铵试剂显色形成黄色配合物，颜色较稳定。在 420 nm 处比色测定，磷含量为 0.0～15.0 g/mL 时，吸光度与浓度呈线性关系。反应式如下：

$$H_3PO_4 + 16(NH_4)_2MoO_4 + 29HNO_3 + NH_4VO_3 =\!=\!=$$
$$(NH_4)_3PO_4 \cdot NH_4VO_3 \cdot 16MoO_3（\text{黄色}）+ 29NH_4NO_3 + 16H_2O$$

## 三、实验材料和仪器

### 1. 实验材料

(1) 盐酸(化学纯)，1+1 水溶液(体积比)。

(2) 硝酸(化学纯)，1+1 水溶液(体积比)。

(3) 钒钼酸铵显色剂 A 液：称取钼酸铵(A.R.) 25.0 g，加蒸馏水 400.0 mL 溶解；B 液：另称取偏钒酸铵(A.R.) 1.25 g，加入 200 mL 沸水中溶解，冷却后加硝酸 250.0 mL，在冷却条件下将 A 液缓缓倒入 B 液，并加蒸馏水定容至 1000.0 mL，避光保存。若生成沉淀则不能使用。

(4) 磷标准溶液：将磷酸二氢钾(A.R.) 在 105℃干燥 1 h，在干燥器中冷却后称取 0.2197 g，溶解于蒸馏水中，定量转入 1000.0 mL 容量瓶中，加硝酸 3.0 mL，用蒸馏水稀释至刻度，为 50.0 mg/L 磷标准溶液。

(5) 酚酞试剂：0.1 g 酚酞溶于 100 mL 80%的乙醇中。

(6) 6 mol/L 氢氧化钠溶液。

### 2. 实验仪器

分光光度计、AE100 型电子分析天平、马弗炉、分样筛等。

## 四、实验内容

### 1. 标准曲线的制作

分别取 0.0 mL、1.0 mL、2.0 mL、4.0 mL、6.0 mL、8.0 mL、10.0 mL、12.0 mL、15.0 mL 磷标准溶液于 50.0 mL 容量瓶中，各加入钒钼酸铵显色剂 10.0 mL，用水稀释至刻度，摇匀，室温下放置 10.0 min 以上，以试剂空白为参照，用 1.0 cm 比色皿在 420 nm 下测定各溶液吸光度，并绘制标准曲线，得出线性回归方程 $A=KC+B$($A$ 为吸光度，$C$ 为磷含量，$K$ 为标准曲线斜率，$B$ 为标准曲线纵坐标截距)。

### 2. 样品处理

准确称取试样 2～5 g 置于 100.0 mL 烧杯中，加 10.0 mL 盐酸溶液和硝酸溶液数滴，加水 30.0 mL，加入 2 滴酚酞，用氢氧化钠滴至淡红色，再加硝酸 0.3 mL，搅拌数分钟，然后定量转入 100.0 mL 容量瓶中，用水稀释至刻度，摇匀，过滤弃去初始的 30.0 mL 滤液，为试样分解液。

### 3. 样品测定

准确吸取滤液 1.0～10.0 mL(视含磷量多少而定)于 50.0 mL 容量瓶中，加钒钼酸铵显色剂 10.0 mL，用水稀释至刻度，摇匀，室温下放置 10.0 min。以试剂空白为参照，用 1 cm 比色皿在 420 nm 下测定试样分解液的吸光度。用线性回归方程求得试样分解液磷含量。

按下式计算样品中磷含量：

$$P=\frac{X\times V}{m}\times 10^{-6}\times 100\%$$

式中，$X$为由工作曲线查得的试样分解液含磷量，mg/L；$m$为试样质量，g；$V$为测定时所取试样分解液的体积，mL。

## 五、注意事项

### 1. 波长的选择

在两支50.0 mL容量瓶中分别加入0.0 mL、5.0 mL磷标准溶液，再分别加入钒钼酸铵显色液10.0 mL，用水稀释至刻度。以试剂空白为参照，在波长360～420 nm进行测定，绘制吸收曲线，选取最大吸收峰的波长为最佳波长。

### 2. 酸度的影响

硝酸的用量对被测物质的吸光度有很大影响。酸度太低，不存在磷酸盐溶液时也呈黄色，会造成分析误差；酸度太高，显色时间长，不利于快速分析。用一定量磷标准溶液，改变硝酸用量，配制成一系列浓度相同、酸度不同的磷标准溶液，按测定方法测定溶液吸光度，以溶液吸光度不变的硝酸用量为实验硝酸用量。

### 3. 显色剂用量的选择

取一定量磷标准溶液，改变钒钼酸铵显色液用量，以相应试剂空白为参照，按测定方法测定吸光度。溶液吸光度大且恒定的显色剂用量为实验用量。

### 4. 显色时间的影响

取一定量磷标准溶液，按实验方法，从加入钒钼酸铵显色液开始计时，每隔5～10 min测定一次溶液吸光度，以吸光度达最大且恒定的显色时间为实验显色时间。

### 5. 共存离子的影响及消除

对试样中可能存在的干扰离子$Ca^{2+}$、$Mg^{2+}$、$As^{3+}$、$Fe^{2+}$、$Cu^{2+}$、$Na^{+}$等进行考察，分别制备干扰离子含量不同的5.0 μg/mL的磷标准溶液，按测定方法，不加掩蔽剂，分别测定吸光度。大量的钙在分解液中以$Ca^{2+}$存在，它可与$PO_4^{3-}$生成沉淀$Ca_3(PO_4)_2$，使结果偏低。当pH<7.0时，产生酸效应，$Ca^{2+}$与$PO_4^{3-}$不能生成$Ca_3(PO_4)_2$沉淀，可以消除$Ca^{2+}$的干扰。由于本实验在样品处理过程中加入了酸，故无须另做处理便可消除$Ca_3(PO_4)_2$的干扰。砷(As)可同钼酸铵产生与主反应类似的黄色物质——杂多酸，使测定结果偏高，可用$Na_2SO_3$作掩蔽剂。实验表明，在含砷(As)(5%)磷标准溶液中，加入0.5 % $Na_2SO_3$溶液3.0 mL，即可消除砷(As)的干扰。

### 6. 精确度

计算结果精确到小数点后第二位。若两次测定结果的差在允许范围内，则取平均值报告结果。允许差：同一样品两次测定值之差不得超过两次测定值的 2%。

## 六、思考题

钒钼酸铵的显色原理是什么？

# 实验三十一　还原法测定无机磷

## 一、实验目的

掌握比色法测定无机磷含量的方法。

## 二、实验原理

磷酸根与钼酸铵在还原剂作用下，将高价铜还原成低价铜显蓝色，在一定浓度范围内蓝色的深浅与溶液中的磷含量呈线性关系，可以用比色法来测定。

## 三、实验材料和仪器

### 1. 实验材料

(1) 磷酸盐标准溶液：准确称取预先在 105℃烘至恒重的 $KH_2PO_4$(分析纯) 0.4394 g，用蒸馏水溶解后定容至 100 mL 即成含磷量 1 mg/mL 的标准溶液，使用时将该溶液再稀释 100 倍，此稀释液含磷 10 μg/mL。

(2) 定磷试剂：6 mol/L 硫酸∶水∶2.5%钼酸铵∶10%维生素 C=1∶2∶1∶1(体积比)。此试剂要现用现配，配好时试剂应呈黄绿色或黄色，若呈棕黄色或深绿色应弃去。

(3) 催化剂：$CuSO_4 \cdot 5H_2O$∶$K_2SO_4$=1∶4(质量比)，研成细末备用。

(4) 浓硫酸、30%过氧化氢。

### 2. 实验仪器

可见光分光光度计、恒温水浴等。

## 四、实验内容

### 1. 标准曲线的制作

分别取 0.0 mL、0.5 mL、1.0 mL、1.5 mL、2.0 mL、2.5 mL 的 10 μg/mL 的磷酸盐标准溶液于 10.0 mL 试管中，加水至 3 mL，各加入定磷试剂 3.0 mL，充分摇匀后于 45℃水浴保温 20 min，在分光光度计上测 $A_{660}$。以各管的磷含量为横坐标、$A_{660}$ 为纵坐标作出标准曲线。

### 2. 发酵液无机磷的测定

(1) 取发酵液 10 mL，在 3000 r/min 离心 10 min 得到上清液(装发酵液的离心管要平衡好才能离心)。

(2)取 5 mL 上清液于 50 mL 容量瓶中，加 10%三氯乙酸 2 mL，振摇 5 min，加蒸馏水稀释至刻度。

(3)用定性滤纸过滤，将滤液适当稀释到 5～20 μg/mL。

(4)在试管中分别加入稀释后的上清液 1 mL、水 2 mL 和定磷试剂 3 mL，充分摇匀后于45℃水浴保温20 min，在分光光度计上测 $A_{660}$，空白为蒸馏水 3 mL 加定磷试剂 3 mL。

3. 发酵液磷含量的计算

发酵液磷含量(μg/mL)=测得 $A_{660}$ 对应标准曲线的磷含量×10×稀释倍数

### 五、思考题

1. 维生素 C 的作用是什么？定磷试剂为什么要现用现配？
2. 测定时水浴保温的时间长短对测定结果有什么影响？

# 第六节　酸度的测定

## 实验三十二　总酸度的测定

### 一、实验目的

掌握总酸度测定的原理和方法。

### 二、实验原理

根据酸碱中和原理，用碱液滴定试液中的酸，以酚酞为指示剂确定滴定终点，按碱液的消耗量计算发酵产品中的总酸含量。

### 三、实验材料和仪器

1. 实验材料

所有试剂均为分析纯，水为蒸馏水或同等纯度的水(以下简称水)，使用前需经煮沸、冷却。

(1)0.1 mol/L 氢氧化钠标准滴定溶液[按照《化学试剂标准滴定溶液的制备》(GB/T 601—2016)配制和标定]：称取 110 g 氢氧化钠溶于 100 mL 无二氧化碳的水中，摇匀，注入聚乙烯容器中，密闭放置至溶液清亮。用塑料管量取 5.4 mL 上层清液，用无二氧化碳的水稀释至 1000 mL，摇匀。称取于 105～110℃电烘箱中干燥至恒量的工作基准试剂邻苯二甲酸氢钾 0.75 g，加无二氧化碳的水 50 mL 溶解，加 2 滴酚酞指示液(10 g/L)，用配制的氢氧化钠溶液滴定至溶液呈粉红色，并保持 30 s，同时做空白实验。

氢氧化钠标准滴定溶液的浓度($c_{NaOH}$)按下列公式计算：

$$c_{NaOH}=\frac{m\times1000}{(V_1-V_2)\ M}$$

式中，$m$ 为邻苯二甲酸氢钾质量，g；$V_1$ 为氢氧化钠溶液体积，mL；$V_2$ 为空白试验消耗氢氧化钠溶液的体积，mL；$M$ 为邻苯二甲酸氢钾的摩尔质量，g/mol（$M_{KHC_8H_4O_4}$=204.22 g/mol）。

(2) 0.01 mol/L 氢氧化钠标准滴定溶液：量取 100 mL 0.1 mol/L 氢氧化钠标准滴定溶液稀释到 1000 mL（使用当天稀释）。

(3) 0.05 mol/L 氢氧化钠标准滴定溶液：量取 100 mL 0.1 mol/L 氢氧化钠标准滴定溶液稀释到 200 mL（使用当天稀释）。

(4) 1%酚酞指示剂溶液：1 g 酚酞溶于 60 mL 95%乙醇中，用水稀释至 100 mL。

2. 实验仪器

实验室常用仪器及下列各项：组织捣碎机、水浴锅、研钵、冷凝管等。

## 四、实验内容

### 1. 试样的制备

1) 液体样品

不含二氧化碳的样品充分混匀。含二氧化碳的样品按下述方法排出二氧化碳：取至少 200 mL 充分混匀的样品置于 500 mL 锥形瓶中，旋摇至基本无气泡再装上冷凝管，置于水浴锅中。待水沸腾后保持 10 min，取出，冷却。

啤酒样品中的二氧化碳按《啤酒分析方法》（GB/T 4928—2008）规定的方法排出：将恒温至 15～20℃的酒样约 300 mL 倒入 1000 mL 锥形瓶中，盖塞（橡皮塞），在恒温室内轻轻摇动，开塞放气（开始有“砰砰”声），盖塞，反复操作，直至无气体逸出为止，用单层中速干滤纸过滤（漏斗上面盖表面皿）。

2) 固体样品

去除不可食用部分，取有代表性的样品至少 200 g，置于研钵或组织捣碎机中，加入与试样等量的水，研碎或捣碎，混匀。

面包样品应取其中心部分，充分混匀，直接供制备试液。

3) 固、液体样品

按样品的固、液体比例至少取 200 g，去除不可食用部分，用研钵或组织捣碎机研碎或捣碎，混匀。

### 2. 试液的制备

取 25～50 g 样品，精确至 0.001 g，置于 250 mL 容量瓶中，用水稀释至刻度，含固体的样品至少放置 30 min（摇动 2～3 次）。用快速滤纸或脱脂棉过滤，收集滤液于 250 mL 锥形瓶中备用。

总酸度低于 0.7 g/kg 的液体样品混匀后可直接取样测定。

3. 样品测定

取 25.00～50.00 mL 试液，使之含 0.035～0.070 g 酸，置于 150 mL 烧杯中，加入 40～60 mL 水及 0.2 mL 1%酚酞指示剂，用 0.1 mol/ L 氢氧化钠标准滴定溶液(如果样品酸度较低，可用 0.01 mol/ L 或 0.05 mol/ L 氢氧化钠标准滴定溶液)滴定至微红色，且 30 s 不褪色。记录消耗 0.1 mol/L 氢氧化钠标准滴定溶液的毫升数($V_1$)。

同一被测样品需测定两次。

4. 空白实验

用水代替试液。记录消耗 0.1 mol/L 氢氧化钠标准滴定溶液的毫升数($V_2$)。

## 五、实验结果

总酸度以每千克(或每升)样品中酸的克数表示，按下列公式计算：

$$X = \frac{c(V_1 - V_2) \times K \times F \times 100}{m}$$

式中，$X$ 为每千克(或每升)样品中酸的克数，g/kg 或 g/L；$c$ 为氢氧化钠标准滴定溶液的浓度，mol/L；$V_1$ 为滴定试液时消耗氢氧化钠标准滴定溶液的体积，mL；$V_2$ 为空白试验时消耗氢氧化钠标准滴定溶液的体积，mL；$F$ 为试液的稀释倍数；$m$ 为试样质量，g 或 mL；$K$ 为酸的换算系数。各种酸的换算系数分别为苹果酸，0.067；乙酸，0.060；酒石酸，0.075；柠檬酸，0.064；柠檬酸(含一分子结晶水)，0.070；乳酸，0.090；盐酸，0.036；磷酸，0.049。

## 六、注意事项

(1)计算结果精确到小数点后第二位。

(2)如两次测定结果差在允许范围内，则取平均值报告结果。允许差：同一样品的两次测定值之差不得超过两次测定值的 2%。

# 实验三十三　电位滴定法测定啤酒的总酸度

## 一、实验目的

掌握电位滴定法的原理以及用电位滴定法测定啤酒总酸度的方法。

## 二、实验原理

该方法根据酸碱中和原理，用 NaOH 标准溶液滴定啤酒样品中的酸，以 pH=8.2 为电位滴定终点，按照 NaOH 标准溶液的消耗量计算食品中的总酸含量。

## 三、实验材料和仪器

1. 实验材料

所用试剂及水的要求同实验三十二。

(1) 0.1 mol/L 氢氧化钠标准滴定溶液：同实验三十二。

(2) 0.01 mol/L 或 0.05 mol/L 氢氧化钠标准滴定溶液：同实验三十二。

(3) pH=8.0 缓冲溶液：按《化学试剂酸碱指示剂 pH 变色域测定通用方法》(GB/T 604—2002) 中“缓冲溶液的制备”配制：

量取 0.1 mol/L 的氢氧化钠溶液 46.1 mL 和 0.2 mol/L 的磷酸二氢钾溶液 25.0 mL，加入 100 mL 容量瓶中，稀释至刻度。

0.2 mol/L 的磷酸二氢钾溶液：称取 13.61 g 磷酸二氢钾，溶于水，移入 500 mL 容量瓶中，稀释至刻度。

### 2. 实验仪器

实验室常用仪器及下列各项：自动电位滴定仪 (精度±0.02)、玻璃电极和甘汞电极、电磁搅拌器、组织捣碎机、研钵、水浴锅、冷凝管。

## 四、实验内容

### 1. 啤酒样品的预处理

取样品约 100 mL 于 250 mL 烧杯中，置于 (40±0.5)℃振荡水浴中恒温 30 min 取出，冷却至室温。

### 2. 测定

按仪器使用说明书安装和调试仪器。用标准缓冲液校正自动电位滴定仪，用水清洗电极，并用滤纸吸干附着电极的液珠。吸取试样 50 mL 于烧杯中，插入电极，开启电磁搅拌器，用氢氧化钠标准滴定溶液滴定至 pH=8.2 为终点，记录消耗氢氧化钠溶液的体积。同一被测样品需测定两次。

## 五、实验结果

样品的总酸含量 (以 100 mL 样品消耗氢氧化钠标准滴定溶液的毫升数计) 按以下公式计算：

$$X = 2 \times c_1 \times V_1$$

式中，$X$ 为样品的总酸含量，mL/100 mL；$c_1$ 为氢氧化钠标准滴定溶液的浓度，mol/L；$V_1$ 为消耗氢氧化钠标准滴定溶液的体积，mL；2 为换算成 100 mL 样品的系数。

## 六、注意事项

(1) 计算结果精确到小数点后第二位。

(2) 如两次测定结果差在允许范围内，取两次测定结果的算术平均值报告结果。允许差：同一样品的两次测定值之差不得超过两次测定值的 2%。

# 第七节 生物效价的测定

## 实验三十四 管碟法测定抗生素生物效价

### 一、实验目的

掌握管碟法测定抗生素生物效价的基本原理和方法。

### 二、实验原理

管碟法：利用抗生素在摊布特定试验菌的固体培养基内呈球面形扩散，形成含一定浓度抗生素的球形区，因抑制了试验菌的繁殖而呈现出透明的抑菌圈。此方法系根据抗生素在一定浓度范围内，对数剂量与抑菌圈直径(面积)呈直线关系而设计，通过检测抗生素对微生物的抑制作用，比较标准品与供试品产生抑菌圈的大小，计算出供试品的效价。

原理：利用抗生素在固体培养基中的平面扩散作用，依据量反应平行线原理并采用交叉实验设计方法，在相同实验条件下通过比较标准品(已知效价)和供试品两者对所接种试验菌产生的抑菌圈(直径或面积)大小，来测定供试品效价。量反应平行线原理：当抗生素浓度的对数剂量和反应呈直线关系，且供试品和标准品的作用性质相同时，供试品和标准品的两条量-反应关系曲线相互平行。

### 三、实验材料和仪器

1. 实验材料

(1)供试菌种：金黄色葡萄球菌、氨苄青霉素钠盐标准品(1667 U/mg)。

(2)对照品：青霉素发酵液滤液。

(3)培养基：

①培养基Ⅰ：牛肉膏 3 g，蛋白胨 10 g，NaCl 5 g，琼脂 15～20 g，水 1000 mL，pH=7.4～7.6。

②培养基Ⅱ：培养基Ⅰ加 0.5%葡萄糖、0.85%生理盐水(灭菌)、50%葡萄糖(灭菌)。

2. 实验仪器

分析天平、生化培养箱、细菌浊度计、超高温灭菌锅、培养皿、陶瓦圆盖、牛津杯(外径 7.8 mm)、游标卡尺等。

### 四、实验内容

1. 0.2 mol/L pH=6.0 磷酸缓冲液的配制

准确称取 $KH_2PO_4$ 0.8 g 和 $K_2HPO_4$ 0.2 g，置于 100 mL 容量瓶中，用蒸馏水稀释至

刻度，灭菌备用。

2. 标准青霉素溶液的配制

精确称取 15～20 mg 氨苄青霉素钠盐标准品(1667 U/mg)，溶解在 0.2 mol/L pH=6.0 磷酸缓冲液中，然后加入无菌蒸馏水稀释成 10 U /mL 的溶液，此液在 5℃以下保存。

3. 被测样品溶液的制备

用 0.2 mol/L pH=6.0 磷酸缓冲液将青霉素发酵液适当稀释，备用。

4. 金黄色葡萄球菌菌液的制备

取用培养基 I 斜面保存的金黄色葡萄球菌菌种，将其接种于盛有培养基 II 的试管斜面上，于 37℃培养 18～20 h，活化 3 次后，用 0.85%生理盐水将菌洗下，离心后，菌体用生理盐水洗涤 1～2 次，再将其稀释至一定浓度(约 $10^9$ $mL^{-1}$，或用光电比色计测定，波长 650 nm 处透光率为 20%左右)。

5. 双碟的制备

取直径 90 mm、高 15 mm 的双碟 18 个，分别注入已溶解的培养基 I 20 mL，摇匀，置于水平位置使其凝固，作为底层。另取培养基 II，溶解后冷却至 48～50℃，加入上述金黄色葡萄球菌菌液适量，迅速摇匀，在每个双碟中分别加入 5 mL 此含菌培养基，使其在底层上均匀摊布，作为菌层，置于水平位置待凝固后，在每双碟中以等距离均匀放置牛津杯 6 个，用陶瓦圆盖覆盖备用(以能得到清晰的抑菌圈，使每 1 mL 含青霉素 20 单位的标准液所致的抑菌圈直径在 15～18 mm 为合适)。

6. 标准曲线的制备

取 10 mL 容量瓶 6 支并编号，向各瓶内分别加入不同量的每毫升含 10 单位的标准品溶液，用磷酸缓冲液稀释至刻度，使其成为每毫升含青霉素 0.4～1.4 单位的 6 种浓度的标准品稀释液(表 1)。

**表 1　青霉素标准液的配制**

| 编号 | 标准品(10 U/mL)/mL | 磷酸缓冲液加至刻度/mL | 最终青霉素单位/(U/mL) |
|---|---|---|---|
| 1 | 0.4 | 10 | 0.4 |
| 2 | 0.6 | 10 | 0.6 |
| 3 | 0.8 | 10 | 0.8 |
| 4 | 1.0 | 10 | 1.0 |
| 5 | 1.2 | 10 | 1.2 |
| 6 | 1.4 | 10 | 1.4 |

取上述制备的双碟 18 个，每碟的 6 个牛津杯间隔的 3 杯中各装 1 U/mL 的标准品稀

释液，将每3个双碟组成一组，共分6组。在第一组的3个双碟的空杯中各装入每毫升含0.4单位的标准品稀释液；第二组的空杯中各装入每毫升含0.6单位的标准品稀释液，依次将6种浓度的标准品稀释液装毕。共得到每毫升含1单位的标准品稀释液54杯，而其他各种稀释度的标准品各得9杯，全部双碟盖上陶瓦圆盖后置于37℃培养16～18 h。测量各抑菌圈的直径，分别求得每组3个双碟中的1 U/mL标准品抑菌圈直径与其他各种浓度标准品抑菌圈直径的平均值，再求出6组中1 U/mL标准品的抑菌圈直径总平均值，总平均值与各组中1 U/mL标准品的抑菌圈直径平均值的差数即各组的校正数，根据各组校正数将6种浓度的抑菌圈平均值校正。

例如，如果6组1 U/mL标准品的抑菌圈直径总平均值为22.6 mm，而每毫升含0.4单位的一组中9个1 U/mL标准品的抑菌圈直径平均为22.4 mm，则其校正数应为22.6 − 22.4 = 0.2，如果9个每毫升含0.4单位标准品的抑菌圈直径平均为18.6 mm，则校正后应为18.6 + 0.2 = 18.8 mm。以浓度为纵坐标、校正后的抑菌圈直径为横坐标，在双周半对数图纸上绘制标准曲线。

7. 测定

取上述已制备好的双碟3个，在每碟6个牛津杯间隔的3杯中各装入1 U/mL的标准品稀释液，其他3杯中各装入适当稀释的样品溶液，盖上陶瓦圆盖，置于37℃培养16～18 h，测量各抑菌圈的直径，分别求得标准品稀释液和样品溶液所致的9个抑菌圈直径的平均值。照上述标准曲线的制备方法求得校正数后，将样品溶液所致的抑菌圈直径的平均值校正，再从标准曲线中查得样品溶液的效价，并换算成被测样品每毫克所含的单位数。

## 五、实验报告

1. 结果

被测样品的效价是每毫升含多少单位？

2. 思考题

(1)什么叫抗生素？它对微生物的作用机制有几种？举例说明之。

(2)抗生素效价测定中，为什么常用管碟法测定？

## 六、注意事项

(1)抑菌圈圆整度和边缘清晰度的影响因素。抑菌圈常有破裂不圆，甚至无圈现象。这些情况的产生主要是由于向小钢管加抗生素溶液时有溅出或漏出；有时可能因双碟或小钢管残留有抗生素；微量的抗生素还可以附着在尘埃上，随空气流动散落在双碟培养基平板、钢管、钢管放置器上，有时其是抑菌圈破裂的原因；如果污染杂菌或因菌层培养基温度过高，试验菌被烫死，均会使抑菌圈不圆整或破裂。有的抗生素如新霉素A、链霉素等会因抗生素中所含的盐类浓度太高或pH太低而呈卵圆形等形态，甚至无圈。

(2) 抑菌圈边缘清晰度的控制。清晰度是测量误差的主要原因，在某些情况下出现抑菌圈边缘模糊、类似锯齿状等现象主要由下列因素引起。

①试验菌培养物不纯：首先，含有同一敏感度的几种菌株，如菌种中混杂有耐药性菌，致使扩散系数紊乱。其次，菌种中有不同生长时间的菌体，这些都能使抑菌圈边缘不清晰。控制办法是保持菌种新鲜，每隔 1 月应传代 1 次。不常用的菌种接种于半固体培养基内或冻干保存；避免空气中的抗生素对菌种污染产生耐药性。对于易变的菌株，如藤黄微球菌等，在制备菌液前应进行单菌落的分离，选择典型菌落以保持菌悬液中菌群的一致性，这样所得的抑菌圈边缘清晰、整齐。

②培养基的原材料：如胨、牛肉膏、酵母膏和琼脂等的选用极为重要，原材料的质量对抑菌圈边缘清晰度及试验结果的精密度影响较大，要对原材料进行预试验。现在买回来的很多是脱水的干燥培养基，临用时应按照使用说明书进行配制，但培养基 pH 应符合规定，否则必须校正后灭菌备用，培养基 pH 可影响抗生素的抗菌效力，调 pH 以 1 次为宜，避免反复加酸碱影响培养基的质量，培养基的 pH 在灭菌后会下降 0.2 左右，因此，调节 pH 应略高 0.2～0.4，另外应注意，培养基再次加热融化时，pH 也会下降，从而影响实验结果。

(3) 试验菌敏感度。其常受加菌量及其对抗生素耐药性等因素的影响而有所改变，从而影响抑菌圈大小。菌液的加入量以不超过培养基体积的 2%为宜，菌悬液加入过多，会稀释培养基，降低培养基的营养成分和硬度，对细菌的生成和药液的扩散均有影响，从而影响抑菌圈大小。

(4) 培养箱的温度要准确均匀。双碟靠近培养箱热源较近处，细菌生长繁殖较快，远一点的位置，细菌生长繁殖相对较慢，不仅影响抑菌圈直径，还会导致抑菌圈不圆。

(5) 培养基的厚薄要均匀。厚度 $H$ 增加，抑菌圈的半径 $r$ 就会缩小。为了使平皿中培养基一致不倾斜，要求操作台要稳固，台面用玻璃板垫平，用水平仪校准，保持水平。双碟中的培养基定量加入应准确，培养基内无气泡。制备双碟时，底层和菌层一定要铺平，特别是菌层，否则将影响培养基的厚度，为防止培养基迅速凝固导致厚薄不均，可将培养基放在 50℃水浴保温。

(6) 测抑菌圈直径时，横着一次，竖着一次，取平均值，3 次重复。

## 实验三十五　微生物比浊法测定红霉素效价

### 一、实验目的

掌握微生物比浊法测定红霉素效价的基本原理和方法。

### 二、实验原理

微生物比浊法测定抗生素效价是利用抗生素在液体培养基中对试验菌生长的抑制作用，通过测定培养后细菌浊度值的大小，比较标准品与供试品对试验细菌生长抑制的程度，从而快速测定供试品效价的一种微生物学方法。

将不同质量浓度的标准品、供试品和接有试验菌的液体培养基加入比色池中，培养一定时间(3～4 h)，通过抗生素对细菌的抑制作用来观察试验菌生长的混浊度，其混浊度与细菌数的增加存在直接关系，用一定波长的光束照射混浊的液体培养基，测定其透光率。

## 三、实验材料和仪器

### 1. 实验材料

(1)金黄色葡萄球菌[CMCC(B)26003]，红霉素标准品，红霉素发酵液，抗生素检定培养基Ⅲ号(每升)：蛋白胨 5 g、牛肉膏粉 1.5 g、酵母膏粉 3 g、氯化钠 3.5 g、磷酸氢二钾 3.68 g、磷酸二氢钾 1.32 g、葡萄糖 1 g，最终 pH=7.1±0.1。

(2)磷酸盐缓冲液(pH=7.8)：取磷酸氢二钾 5.59 g 和磷酸二氢钾 0.41 g，加水溶解到 1000 mL，灭菌后备用。水：新鲜蒸馏水，灭菌后备用。(1→3)甲醛溶液。

(3)葡萄球菌悬液：取金黄色葡萄球菌斜面培养物接种于培养基斜面，于(37±1)℃培养 20～22 h，用灭菌生理盐水洗下菌苔，制成菌原液，临用时取菌原液加入抗生素培养基Ⅲ中，用同时配制同批灭菌的Ⅲ号培养基作空白，使得菌液培养基在 530 nm 波长处的吸光度约为 0.5，置冰箱中备用。

### 2. 实验仪器

UV-265FW 紫外分光光度计、摇床恒温水浴箱、玻璃大试管、称量瓶、容量瓶、移液管、分析天平、秒表等。

## 四、实验内容

### 1. 线性实验

精密称取红霉素标准品，加少量乙醇溶解后，用灭菌水制成约 1000 U/mL 的溶液，再用 pH=7.8 的磷酸盐缓冲液稀释成每毫升中含 0.2 单位、0.4 单位、0.6 单位、0.8 单位、1.0 单位的标准品溶液。精密量取上述标准品溶液各 1.0 mL，每个浓度 6 管，分别置于灭菌石英比色管(160℃，2 h 灭菌)中，再分别加入含菌培养基 9.0 mL，立即摇匀，37℃培养 3 h，取出后立即加入(1→3)甲醛溶液 0.5 mL 充分摇匀，作为试验管；同时将 pH=7.8 的磷酸盐缓冲液 1 mL、含菌培养基 9.0 mL、甲醛溶液 0.5 mL 混匀，作为空白对照管，在 530 nm 波长处测定各试验管的吸光度。以红霉素溶液浓度的对数值为横坐标、吸光度为纵坐标，绘制线性图，检测线性关系良好的浓度范围。

### 2. 回收率实验

精密量取适量标准品溶液，用磷酸盐缓冲液分别稀释成浓度为 0.32 U/mL、0.4 U/mL、0.48 U/mL 的溶液各三份，按照以上线性实验方法测定吸光度，将结果代入直线方程求出浓度对数值，再进一步求出浓度，计算回收率和相对标准偏差。

### 3. 样品测定

将红霉素发酵液离心后去除菌体，适当稀释后精密量取 1.0 mL，置于灭菌石英比色管(160℃，2 h 灭菌)中，加入含菌培养基 9.0 mL，立即摇匀，37℃培养 3 h，取出立即加入(1→3)甲醛溶液 0.5 mL 充分摇匀，在 530 nm 波长处测定各试验管的吸光度，代入直线方程，求得抗生素浓度和含量。

## 五、注意事项

温度的不均匀和培养时间长短等因素对测定结果会产生影响，所以应对培养过程进行严格控制。培养时间不可过长，吸光度不可过高；高低剂量吸光度达到 0.3 以上即可；含菌培养基在培养过程中会有一定程度的下沉，使上下浊度不一致，从而影响吸光度的测定值；振摇培养基后产生的气泡同样会对测定有干扰，因此在培养过程中，尤其是在测量前应进行适当的振摇并静置一定时间。另外，振摇可以增加培养基中的含氧量，加快细菌生长速度。

# 实验三十六　磷酸法测定红霉素效价

## 一、实验目的

了解磷酸法测定红霉素效价的原理，学会测定方法。

## 二、实验原理

红霉素发酵液化学效价测定一般采用硫酸水解法，即红霉素经硫酸水解后呈棕黄色物质，但是硫酸具有强氧化性和脱水性，以及很强的腐蚀性，而磷酸无氧化性，用磷酸酸化可优于硫酸。红霉素和磷酸反应呈黄色，在一定浓度范围内颜色的深浅与效价呈线性关系，据此原理可以测定发酵液中的红霉素效价。

## 三、实验材料和仪器

### 1. 实验材料

(1)红霉素标准品、浓磷酸、无水乙醇。

(2)10 mol/L 磷酸溶液：将浓磷酸 682 mL 倒入蒸馏水定容至 1000 mL，摇匀，冷却。

(3)磷酸盐缓冲液：称取 $KH_2PO_4$ 0.41 g，$K_2HPO_4$ 5.59 g，加蒸馏水定容至 1000 mL，此时 pH 应为 7.8～8.0，灭菌备用。

### 2. 实验仪器

721 型分光光度计。

## 四、实验内容

### 1. 标准曲线方程的制作

精密称取红霉素标准品，用少量无水乙醇溶解后，移入 50 mL 容量瓶，用磷酸盐缓冲液稀释至 50 mL，使浓度至 1000 U/mL，然后分别精确吸取 0.08 mL、0.12 mL、0.16 mL、

0.20 mL、0.24 mL、0.28 mL、0.32 mL、0.36 mL、0.40 mL 标准品溶液，用蒸馏水稀释到 1 mL，即配制成 80 U/mL、120 U/mL、160 U/mL、200 U/mL、240 U/mL、280 U/mL、320 U/mL、360 U/mL、400 U/mL 的标准溶液，分别准确吸取 0.8 mL 标准溶液于另一组 10 mL 容量瓶中，并分别加入 10 mol/L 磷酸 4 mL，摇匀，在沸水浴中煮沸 3 min，移置冷水浴冷却至室温，再用 10 mol/L 磷酸稀释至刻度，摇匀，用 1 cm 比色皿，在 485 nm 处测定其 $A_{485}$(蒸馏水作对照)。

2. 发酵样品效价测定

(1)过滤发酵液，得到发酵滤液。把滤液稀释到约 200 U/mL。

(2)准确吸取稀释液 0.8 mL 放入 10 mL 容量瓶，加入 10 mol/L 磷酸 4 mL，摇匀。重复一次。

(3)在沸水浴中煮沸 3 min，移至冷水浴冷却至室温，再用 10 mol/L 磷酸稀释至刻度，摇匀。

(4)用蒸馏水作对照，在 485 nm 处测定其吸光度($A_{485}$)。

3. 数据记录

测未知样品的 $A_{485}$，根据标准曲线方程算出两次测得的效价，并算出平均值。

## 五、思考题

1. 红霉素与磷酸反应呈现什么颜色？
2. 在标准曲线制作时要注意哪些操作以提高准确性。
3. 未知样品应稀释至什么浓度范围使测定比较准确。

# 实验三十七　利福霉素化学效价的测定

## 一、实验目的

掌握比色法测定利福霉素化学效价。

## 二、实验原理

利福霉素化学结构中，含醌-氢醌结构，其结构具有氧化还原性质，还原性的利福霉素 SV 在 455 nm 处有一个最强吸收峰，而氧化型的利福霉素 S 在 525 nm 处有弱的吸收峰，利用适当的试剂，将利福霉素 SV 或 S 氧化或还原，在一定波长下，测定它们的吸光度之差，可以计算其总含量。

## 三、实验材料和仪器

1. 实验材料

(1)培养基(利福霉素发酵方法)：

①种子培养基：葡萄糖 1.5 g/L，淀粉 1.5 g/L，蛋白胨 1.0 g/L，豆粉 1.0 g/L，$KNO_3$ 0.5 g/L，

$CaCO_3$ 0.2 g/L。

②发酵培养基：葡萄糖 8 g/L，鱼粉 3 g/L，黄豆饼粉 10 g/L，生物氮素 10 g/L，$KNO_3$ 6 g/L，$CaCO_3$ 3 g/L，$KH_2PO_4$ 0.2 g/L。

培养方法：

种子瓶 28℃、220 r/min 培养 48 h 后按 8%接种量转接发酵瓶（50 mL/500 mL），发酵瓶在摇床上 28℃、220 r/min 培养 120 h 后放瓶。

(2) 试剂：

①pH=4.6 乙酸缓冲液：称取无水乙酸钠 82 g，冰醋酸 58 mL，用蒸馏水溶解后稀释至 10 L。

②水相氧化剂：称取 $NaNO_2$ 0.3 g，加 pH=4.6 乙酸缓冲液 300 mL 溶解即得。

③水相还原剂：称取维生素 C 0.3 g，加 pH=4.6 乙酸缓冲液 300 mL 溶解即得。

2. 实验仪器

可见光分光光度计、滴定管、移液管、容量瓶等。

## 四、实验内容

1. 利福霉素标准曲线制备

准确称取利福霉素 SV 标准品 20～30 mg，加甲醇 1 mL 溶解，用 pH=4.6 乙酸缓冲液稀释至 500 U/mL，分别吸取 0.5 mL、1.0 mL、1.5 mL、2.0 mL、2.5 mL、3.0 mL 于 50 mL 容量瓶中，每一组吸取两份，分别用氧化剂、还原剂稀释至刻度，放置 5 min，于 455 nm 处以氧化剂稀释液为空白，测还原剂稀释液的吸光度，以吸光度 $A_{455}$ 为横坐标，以效价（U/mL）为纵坐标，绘制标准曲线。

2. 发酵液总效价的测定

(1) 过滤发酵液得到上清液。

(2) 吸取上清液 1 mL，用 pH=4.6 乙酸缓冲液稀释至约 150 U/mL。

(3) 过滤除去沉淀物。

(4) 各吸取滤液 1 mL 于两试管中，分别加入氧化剂、还原剂各 9 mL，摇匀放置 5 min。

(5) 在波长 455 nm 处以氧化剂为空白，测得还原剂的吸光度。

(6) 重复测定一次取平均值。

3. 数据记录

(1) 记录两个样品测得的吸光度 $A_{455}$。

(2) 计算两个样品吸光度的平均值，根据标准曲线计算样品效价。

## 五、思考题

1. 利福霉素化学效价测定的原理是什么？

2. 操作中可能产生误差的步骤有哪些？

# 第八节　体积溶解氧系数的测定

## 实验三十八　亚硫酸盐法测定体积溶解氧系数

### 一、实验目的

(1)了解 $Na_2SO_3$ 法测定体积溶解氧系数 $K_L·a$ 的原理，并用该方法测定摇瓶的 $K_L·a$；

(2)了解摇瓶的转速(振幅、频率)对体积溶解氧系数 $K_L·a$ 的影响。

### 二、实验原理

由双膜理论导出的体积溶解氧传递方程如下：

$$N_V=K_L·a(C^*-C_L) \tag{1}$$

该方程是研究通气液体中传氧速率的基本方程之一。式中，$N_V$ 为体积溶解氧传递速率，mol/(mL·min)；$K_L·a$ 为体积溶解氧系数，$min^{-1}$；$C^*$为气相主体中含氧量，mmol/L；$C_L$ 为液相主体中含氧量，mmol/L。该方程指出，就氧的物理传递过程而言，溶解氧系数 $K_L·a$ 的数值一般起着决定性作用。所以，求出 $K_L·a$ 作为某种反应器或某一反应条件下传氧性能的标度，对于衡量反应器的性能、控制发酵过程都有着重要的意义。

在有 $Cu^{2+}$存在条件下，$O_2$ 与 $SO_3^{2-}$快速反应生成 $SO_4^{2-}$：

$$2Na_2SO_3+O_2\xlongequal{Cu^{2+}}2Na_2SO_4 \tag{2}$$

在 20～45℃条件下，相当宽的 $SO_3^{2-}$浓度范围(0.035～0.9 mol/L)内，$O_2$ 与 $SO_3^{2-}$的反应速率和 $SO_3^{2-}$浓度无关。利用这一反应特性，可以从单位时间内被氧化的 $SO_3^{2-}$量求出传递速率。

当方程式(2)达稳态时，用过量的 $I_2$ 与剩余的 $Na_2SO_3$ 作用：

$$Na_2SO_3+I_2+H_2O=Na_2SO_4+2HI \tag{3}$$

然后再用标定的 $Na_2S_2O_3$ 滴定剩余的碘：

$$2Na_2S_2O_3+I_2=Na_2S_4O_6+2NaI \tag{4}$$

由式(2)～式(4)可知，每消耗 4 mol $Na_2S_2O_3$ 相当于 1 mol $O_2$ 被吸收，故可由 $Na_2SO_3$ 的量来求出单位时间内氧的吸收量：

$$N_V=\Delta V\cdot N/(m\cdot\Delta t\cdot 4\cdot 1000)\ [mol/(mL·min)]$$

式中，$\Delta t$ 为取样间隔时间，min；$\Delta V$ 为 $\Delta t$ 内消耗的 $Na_2S_2O_3$ 毫升数，mL；$m$ 为取样量，mL；$N$ 为 $Na_2S_2O_3$ 标准液的摩尔浓度，mol/L。

在实验条件下，$P$=1 atm，$C^*$=0.21 mmol/L，$C_L$=0 mmol/L。

据式(1)有

$$K_L·a=N_V/C^*\ (min^{-1})$$

## 三、实验材料和仪器

### 1. 实验材料

(1) 0.2%淀粉指示剂 100 mL：称取 0.2 g 可溶性淀粉，用少量水调成糊状，溶于 100 mL 沸水(蒸馏水)中，继续煮沸至溶液透明。冷却，储存于玻璃塞瓶中备用(新配制)。

(2) 0.05 mol/L 碘标准溶液 1 L：称取 13 g 碘和 25 g KI 于 200 mL 烧杯中，加少许蒸馏水，搅拌至碘全部溶解后，转入棕色瓶中，加水稀释至 1000 mL，塞紧瓶塞，摇匀后放置过夜。

(3) 0.4 mol/L $Na_2SO_3$ 溶液：称取 50.42 g 无水亚硫酸钠，加水溶解，定容至 1000 mL。

(4) 0.025 mol/L $Na_2S_2O_3$ 标准液：称取 6.25 g 硫代硫酸钠($Na_2S_2O_3 \cdot 5H_2O$)和 0.05 g 碳酸钠，溶于 1000 mL 新鲜煮沸并冷却后的水中，储存于棕色瓶中，在暗处放置一周后标定。

标定：取在 120℃干燥至恒重的基准重铬酸钾 0.25 g，置于碘量瓶中，加水 50 mL 使其溶解。加碘化钾 2 g，轻轻振摇使其溶解，加 1 mol/L 硫酸溶液 40 mL 摇匀，密塞。在暗处放置 10 min 后，用 250 mL 蒸馏水稀释，用本液滴定至近终点时，加淀粉指示剂 3 mL，继续滴定至蓝色消失而显亮绿色，并将滴定的结果用空白试验校正。每 1 mL 0.1 mol/L 硫代硫酸钠溶液相当于 4.903 mg 的重铬酸钾。根据本液的消耗量与重铬酸钾的取用量，计算硫代硫酸钠的摩尔浓度。

(5) $10^{-3}$ mol/L $Cu^{2+}$溶液：称取 0.25 g $CuSO_4$ 溶解在 100 mL 蒸馏水中，定容至 1000 mL。

### 2. 实验仪器

摇瓶机、三角瓶(500 mL、250 mL)、移液管(2 mL、5 mL)、碱式滴定管等。

## 四、实验内容

将 100 mL 0.4 mol/L 的 $Na_2SO_3$ 溶液装入 500 mL 的三角瓶中，滴入数滴 $Cu^{2+}$溶液，取样 $m_1$=2 mL 移入装有 20 mL 0.05 mol/L 碘液的 250 mL 三角瓶中；然后将 500 mL 三角瓶上摇瓶机持续摇瓶 150 min 后，再取样 $m_2$＝2 mL 移入另外一只装有 20 mL 0.05 mol/L 碘液的 250 mL 三角瓶中。用 0.025 mol/L 硫代硫酸钠标准溶液滴定，在样品溶液颜色由深蓝色变成浅蓝色时，加入 1%淀粉指示剂，继续滴定至蓝色褪去即为终点。可多次进行取样测定。

## 五、实验结果

数据记录与计算：

(1) 操作条件(℃)。

(2) 两次取样时间间隔(min)。

(3) 两次滴定 $Na_2S_2O_3$ 体积差 $\Delta V$(mL)。

(4) 根据公式分别计算出 $N_V$ 和 $K_L \cdot a$。

## 六、思考题

影响实验结果的操作因素有哪些？

# 第九节　发酵废液 COD 测定

## 实验三十九　重铬酸钾标准法测定发酵废液的 COD

### 一、实验目的

(1) 掌握重铬酸钾法测定($COD_{Cr}$)的原理；
(2) 掌握重铬酸钾法测定($COD_{Cr}$)的实验方法。

### 二、实验原理

1. 重铬酸钾法测定($COD_{Cr}$)的原理

化学需氧量(COD)是指在一定的条件下，1 L 水中的还原物质(有机物和无机物)被强氧化剂氧化时所消耗氧化剂的量。COD 反映了水中受还原性物质污染的程度。水中的还原性物质有有机物、亚硝酸盐、亚铁盐、硫化物等，所以 COD 测定又可反映水中有机物的含量。

在强酸性溶液中，准确加入过量的重铬酸钾标准溶液，加热回流，将水样中还原性物质(主要是有机物)氧化，过量的重铬酸钾以试亚铁灵作为指示剂，用硫酸亚铁铵标准溶液回滴，根据所消耗的重铬酸钾标准溶液量计算水样化学需氧量。

$$Cr_2O_7^{2-} + 14H^+ + 6e^- \longrightarrow 2Cr^{3+} + 7H_2O$$

$$Cr_2O_7^{2-} + 14H^+ + 6Fe^{2+} \longrightarrow 6Fe^{3+} + 2Cr^{3+} + 7H_2O$$

用 0.25 mol/L 的重铬酸钾溶液可测定大于 50 mg/L 的 COD 值，未经稀释的水样的测定上限是 700 mg/L，用 0.025 mol/L 的重铬酸钾溶液可测定 5～50 mg/L 的 COD 值，但低于 10 mg/L 时准确度较差。

2. 实验过程的干扰因素

酸性重铬酸钾氧化性很强，可氧化大部分有机物，加入硫酸银作催化剂时，直链脂肪族化合物可完全被氧化，而芳香族有机物却不易被氧化，吡啶不被氧化，挥发性直链脂肪族化合物、苯等有机物存在于蒸气相，不能与氧化剂液体接触，氧化不明显。氯离子能被重铬酸盐氧化，并且能与硫酸银作用产生沉淀，影响测定结果，故在回流前向水样中加入硫酸汞，使其成为络合物以消除干扰。氯离子含量高于 1000 mg/L 的样品应先定量稀释，使含量降低至 1000 mg/L 以下再进行测定。

## 三、实验材料和仪器

### 1. 实验材料

(1) 0.04167 mol/L 重铬酸钾标准溶液($K_2Cr_2O_7$)：称取预先在 120℃烘干 2 h 的基准或优质纯重铬酸钾 12.258 g 溶于蒸馏水中，移入 1000 mL 容量瓶，稀释至刻度线，摇匀。

(2) 试亚铁灵指示液：称取 1.485 g 邻菲咯啉($C_{12}H_8N_2 \cdot H_2O$)、0.695 g 硫酸亚铁($FeSO_4 \cdot 7H_2O$)溶于水中，稀释至 100 mL，储于棕色瓶内。

(3) 0.25 mol/L 硫酸亚铁铵标准溶液[$(NH_4)_2Fe(SO_4)_2 \cdot 6H_2O$]：称取 98.035 g 硫酸亚铁铵溶解于 250 mL 蒸馏水中，边搅拌边缓慢加入 20 mL 浓硫酸，冷却后移入 1000 mL 容量瓶中，加水稀释至标线，摇匀。临用前，用重铬酸钾标准溶液标定。

标定方法：准确吸取 25.0 mL 重铬酸钾标准溶液稀释至 250 mL，缓慢加入 20 mL 浓硫酸，混匀。冷却后，加入 2～3 滴试亚铁灵指示液，用硫酸亚铁铵溶液滴定，溶液的颜色由黄色经蓝绿色至红褐色即为终点。

$$c = 6 \times 0.04167\,(\text{mol/L}) \times 25\,(\text{mL}) / V$$

式中，$c$ 为硫酸亚铁铵标准溶液的浓度，mol/L；$V$ 为硫酸亚铁铵标准溶液的用量，mL。

(4) 硫酸-硫酸银溶液：于 500 mL 浓硫酸中加入 5.5 g 硫酸银，放置 1～2 天，不时摇动使其溶解。

(5) 硫酸汞：结晶或粉末。

(6) 浓硫酸。

### 2. 实验仪器

(1) 回流装置：24 mm 或 29 mm 标准磨口 500 mL 全玻璃回流装置。球形冷凝器，长度为 30 cm。

(2) 加热装置：电热板或变阻电炉。

(3) 50 mL 酸式滴定管、锥形瓶、移液管、容量瓶等。

## 四、实验内容

(1) 取 20 mL 混合均匀的水样(或适量水样稀释至 20 mL)置于 250 mL 磨口的回流锥形瓶中，准确加入 10 mL 重铬酸钾标准溶液及数粒小玻璃珠或沸石，连接磨口的回流冷凝管，从冷凝管上口慢慢地加入 30 mL 硫酸-硫酸银溶液，轻轻摇动锥形瓶使溶液混匀，加热回流 2 h(自开始沸腾时计时)。

注：对于化学需氧量高的废水样，可先取上述操作所需体积 1/10 的废水样和试剂于 15 mm×150 mm 硬质玻璃试管中，摇匀，加热后观察是否呈绿色。如果溶液显绿色，则适当减少废水取样量，直至溶液不变绿色为止，从而确定废水样分析时应取用的体积。稀释时，所取废水样量不得少于 5 mL，如果化学需氧量很高，则废水样应多次稀释。废水中氯离子含量超过 30 mg/L 时，应先把 0.4 g 硫酸汞加入回流锥形瓶中，再加 20 mL

废水(或适量废水稀释至 20.0 mL)，摇匀。

(2)冷却后，用 90 mL 水冲洗冷凝管壁，取下锥形瓶，稀释至 150 mL，否则会因酸度太大，滴定终点不明显。

(3)溶液再度冷却后，加 3 滴试亚铁灵指示液，用硫酸亚铁铵标准溶液滴定，溶液的颜色由黄色经蓝绿色至红褐色即为终点，记录硫酸亚铁铵标准溶液的用量($V_1$)。

(4)测定水样的同时，取 20 mL 重蒸馏水，按同样的操作步骤做空白试验。记录测定空白时硫酸亚铁铵标准溶液的用量($V_0$)。

(5)计算：

$$COD_{Cr}(O_2,\ mg/L)=(V_0-V_1\times c\times 32\times 1000)/4V$$

式中，$c$ 为硫酸亚铁铵标准溶液的浓度，mol/L；$V_0$ 为滴定空白时硫酸亚铁铵标准溶液的用量，mL；$V_1$ 为滴定水样时硫酸亚铁铵标准溶液的用量，mL；$V$ 为水样的体积，mL；32 为氧的摩尔质量，g/mol；4 为比例系数，即还原 1 mol 氧需 4 mol 硫酸亚铁铵。

## 五、注意事项

(1)使用 0.4 g 硫酸汞络合氯离子的最高量可达 40 mg，如取用 20 mL 水样，即最高可络合 2000 mg/L 氯离子浓度的水样。若氯离子的浓度较低，也可加入少量硫酸汞，保持硫酸汞∶氯离子=10∶1(质量分数)。若出现少量氯化汞沉淀，并不影响测定。

(2)水样取用体积可在 10～50 mL，但试剂用量及浓度按表 1 进行相应调整，也可得到满意的结果。

**表 1 水样取用量和试剂用量表**

| 水样体积/mL | $K_2Cr_2O_7$ 溶液/mL | 硫酸-硫酸银/mL | $HgSO_4$/g | 滴定前总体积/mL |
|---|---|---|---|---|
| 10.0 | 5.0 | 15 | 0.2 | 70 |
| 20.0 | 10.0 | 30 | 0.4 | 140 |
| 30.0 | 15.0 | 45 | 0.6 | 210 |
| 40.0 | 20.0 | 60 | 0.8 | 280 |
| 50.0 | 25.0 | 75 | 1.0 | 350 |

(3)对于化学需氧量小于 50 mL 的水样，应改用 0.0250 mol/L 重铬酸钾标准溶液。回滴时用 0.01 mol/L 硫酸亚铁铵标准溶液。

(4)水样加热回流后，溶液中重铬酸钾剩余量为加入量的 1/5～4/5 为宜。

(5)用邻苯二甲酸氢钾标准溶液检查试剂的质量和操作技术时，由于每克邻苯二甲酸氢钾的理论 $COD_{Cr}$ 为 1.176 g，所以溶解 0.4251 g 邻苯二甲酸氢钾($HOOCC_6H_4COOK$)于重蒸馏水中，转入 1000 mL 容量瓶，用重蒸馏水稀释至标线，使之成为 500 mg/L 的 $COD_{Cr}$ 标准溶液。用时新配。

(6)$COD_{Cr}$ 的测定结果应保留三位有效数字。

(7)每次实验时，应对硫酸亚铁铵标准滴定溶液进行标定，室温较高时尤其注意其浓度的变化。

(8) 回流冷凝管不能用软质乳胶管，否则容易老化、变形、冷却水不通畅。

(9) 用手摸冷却水时不能有温感，否则测定结果偏低。

(10) 滴定时不能剧烈摇动锥形瓶，瓶内试液不能溅出水花，否则影响测定结果。

## 六、思考题

用重铬酸钾法测定化学需氧量时应怎样排除干扰因素？

# 第四章　发酵产品的分离提取

## 第一节　发酵液预处理

微生物发酵的产物主要有菌体、胞内产物和胞外产物三类物质。从发酵液中提取所需要的生化物质时需要对发酵液进行预处理，以便于固液分离，使代谢产物后续的分离纯化工序顺利进行。发酵液预处理的原因有三个方面：首先，发酵液多为悬浮液，黏度大，为非牛顿流体，不易过滤，而所需的生化物质往往只有分布在液相才能被有效提纯。并且，在有些发酵液中，菌体自溶，核酸、蛋白质及其他有机黏性物质会造成滤液浑浊、滤速极慢，必须设法增大悬浮物的颗粒直径，提高沉降速度，以利于过滤；其次，目标产物在发酵液中的浓度通常较低；最后，发酵液的成分复杂，大量的菌丝体、菌种代谢物和剩余培养基会对提取造成很大的影响。所以，对发酵液进行适当的预处理，从而分离细胞、菌体和其他悬浮颗粒(如细胞碎片、核酸和蛋白质的沉淀物)，并除去部分可溶性杂质和改变发酵液的过滤性能，是生化物质分离纯化过程中必不可少的步骤。

发酵液经过预处理，一些物理性质会改变，从悬浮液中分离固形物的速度随之提高，过滤操作更易进行；在预处理过程中，产物大多转移进入易于后处理的液相中。同时，发酵液中的部分杂质也得以去除。

发酵液的预处理过程一般包括以下几个部分：

(1) 发酵液杂质的去除包括除去蛋白质、无机离子及色素、热原质、毒性物质等有机物质。

(2) 改善培养液的处理性能，主要通过降低发酵液的黏度、调节适宜的 pH 和温度及絮凝与凝聚等操作来实现。

### 实验四十　絮凝技术预处理发酵液

#### 一、实验目的

(1) 掌握絮凝技术处理发酵液的基本原理；

(2) 熟悉絮凝沉淀实验方法和实验数据整理方法。

#### 二、实验原理

细胞的富集和去除是产物分离纯化的第一步，胞外产物需要分离除去细胞，胞内产物需要富集细胞。从悬浮液中分离固形物的速度取决于该液体的物理性质。不同菌种和培养条件的发酵液流变特性不同。对于菌体细小、杂蛋白含量高、难过滤的发酵液常采用细胞絮凝技术，因为这样可以使悬浮液中固体粒子聚集成粗大的絮团，提高其沉降速度，简单有效地实现固液分离。絮凝剂在发酵过程下游加工中主要用于发酵液预处理、初步纯化等。絮凝作用在某些絮凝剂存在的情况下，改变了发酵液的性质，在悬浮粒子之间产生架桥作用而使细胞或溶解的大分子聚集成较大的絮凝团。

壳聚糖的化学结构为带阳离子的高分子碱性多糖聚合物，其具有独特的理化性能和生物活化功能。壳聚糖作为一种天然的弱阳离子絮凝剂，分子中含有大量的氨基、羟基，性质较活泼，可修饰、活化和偶联，所以壳聚糖及其衍生物具备絮凝剂和吸附剂的特性，对水体中带负电荷的有机、无机微粒具有较好的吸附作用。

## 三、实验材料和仪器

### 1. 实验材料

乳杆菌、壳聚糖、海藻酸钠、盐酸、氢氧化钠、MRS 培养基。

### 2. 实验仪器

紫外-可见光分光光度计、超净工作台、灭菌锅、冷冻离心机、pH 计等。

## 四、实验内容

### 1. 发酵液的制备

乳杆菌用 MRS 培养基发酵培养至稳定期，得到菌悬液，并在 600 nm 处测定其吸光度值，记为 $A_{絮凝前}$。取发酵的菌悬液 20～30 mL，用盐酸或者氢氧化钠调整其 pH 分别为 3.0、4.0、5.0、6.0。

### 2. 絮凝操作

分别向三种 pH 的发酵液中加入海藻酸钠溶液(终浓度约为 0.3 g/L)，混匀后继续加入壳聚糖溶液(终浓度约为 0.5 g/L)，混匀静置 5～10 min 后在 4℃、10000 r/min 条件下离心 15 min，取出上清液，以蒸馏水作空白，用紫外-可见光分光光度计于 600 nm 处测样品的吸光度值，记为 $A_{絮凝后}$。

### 3. 分析方法

采用絮凝率(flocculation ratio，FR)作为衡量絮凝效果的指标，FR 值越大，说明絮凝效果越好。

FR 值的计算公式如下：

$$FR=(A_{絮凝前}-A_{絮凝后})/A_{絮凝前}\times 100\%$$

## 五、实验结果

(1)记录原始数据。

(2)绘制不同 pH 对絮凝率影响的效果图。

## 六、思考题

(1)影响絮凝操作效果的因素有哪些?
(2)絮凝在发酵液处理工艺中的作用是什么?
(3)目前常用的絮凝剂的种类有哪些?

# 实验四十一　发酵液中金属离子的去除

## 一、实验目的

(1)掌握发酵液中高价金属离子去除的操作方法及原理;
(2)了解发酵液预处理的一般流程。

## 二、实验原理

发酵液成分复杂，目的产品与许多溶解的和悬浮的杂质夹杂在一起。这些杂质中对提取影响最大的是高价无机离子和杂蛋白。在采用离子交换法提炼时，高价无机离子，尤其是 $Ca^{2+}$、$Mg^{2+}$、$Fe^{3+}$的存在，会影响树脂对生化物质的交换容量。而杂蛋白，一方面，在采用离子交换法和大孔吸附树脂吸附法纯化时会降低吸附能力；另一方面，在采用有机溶剂或双水相萃取时，常有乳化现象，使两相分离不清。除此之外，在常规过滤或膜过滤时，杂蛋白还会使滤速下降，污染滤膜。因此，在预处理时，应尽量除去这些杂质。在发酵液中加入草酸，可除去钙离子，同时草酸可酸化发酵液，使发酵液的胶体状态改变，并且有助于产物转入液相。由于草酸的溶解度较小，用量大时，可用其可溶性盐，如草酸钠。反应生成的草酸钙还能促使蛋白质凝固，提高滤液质量。在沉淀钙离子的同时，草酸还会与发酵液中的镁离子形成草酸镁，除去部分镁离子。但是，草酸等弱酸的镁盐溶解度较大，并且发酵液中镁离子的浓度通常不高，利用草酸沉淀很难除尽镁离子，可以加入三聚磷酸钠，三聚磷酸钠与镁离子形成的络合物可溶，即可消除对离子交换树脂的影响：

$$Na_5P_3O_{10} + Mg^{2+} \xlongequal{} MgNa_3P_3O_{10} + 2Na^+$$

用磷酸盐处理，也能大大降低发酵液中钙离子和镁离子的浓度。此方法可用于环丝氨酸的提炼。

发酵液中铁离子一般用黄血盐除去，使其形成普鲁士蓝沉淀：

$$3K_4Fe(CN)_6 + 4Fe^{3+} \xlongequal{} Fe_4[Fe(CN)_6]_3\downarrow + 12K^+$$

## 三、实验材料和仪器

### 1. 实验材料

乙二酸、土霉素碱标准品、黄血盐、六水合三氯化铁、浓盐酸、硫酸锌、土霉素发酵液。

2. 实验仪器

精密分析天平、酸度计、分光光度计、恒温磁力搅拌器、恒温振荡器、真空抽滤装置等。

## 四、实验内容

1. 土霉素效价的测定

(1) 土霉素标准曲线的绘制：用土霉素标准样配成 1000 U/mL 的标准液，用 2 mL 移液管分别取标准液 0.4 mL、0.8 mL、1.0 mL、1.2 mL、1.4 mL、1.6 mL、1.8 mL 于试管中，加入 0.01 mol/L 的盐酸至 10 mL，再加入 0.5%的三氯化铁溶液 10 mL，摇匀，静置 20 min；另取样同上，加入 0.01 mol/L 的盐酸至 20 mL，摇匀，作为空白对照，在 480 nm 的波长下测定吸光度($A_{480}$)，以土霉素效价为纵坐标，以吸光度为横坐标，绘制标准曲线。

(2) 发酵液效价的测定：吸取滤液稀释适宜倍数(使稀释后效价在标准曲线范围内)，用移液管取 1 mL 稀释液于试管中，准确加入 0.01 mol/L 的盐酸至 10 mL，再加入 0.5%的三氯化铁溶液 10 mL，摇匀，放置 20 min，另取 1 mL 稀释液，加入 0.01 mol/L 的盐酸至 20 mL，摇匀，作为空白对照，测定 480 nm 波长下的吸光度，与标准曲线对比，得到发酵液中土霉素效价。

2. 土霉素发酵液酸化及除去金属离子

(1) 取适量发酵液，按发酵液效价的测定方法测出发酵液效价。

(2) 取一定体积的发酵液，边搅拌边加入黄血盐 0.35%(质量分数)、硫酸锌 0.2%(质量分数)，并加入乙二酸酸化发酵液至 pH=1.6～2.0，搅拌 30 min 后，取酸化上清液，按发酵液效价的测定方法测定其效价并计算酸化效率。

(3) 将酸化的发酵液稀释 1 倍，用真空抽滤装置进行过滤，滤饼再用乙二酸溶液冲洗，测出滤液的体积。按发酵液效价测定方法测定其效价并计算过滤收率。

## 五、实验结果

1. 土霉素效价标准曲线数据记录(表 1)

**表 1　土霉素效价标准曲线数据记录表**

| 标准土霉素溶液/mL | 0.4 | 0.4 | 0.8 | 0.8 | 1.0 | 1.0 | 1.2 | 1.2 | 1.4 | 1.4 | 1.6 | 1.6 | 1.8 | 1.8 |
|---|---|---|---|---|---|---|---|---|---|---|---|---|---|---|
| 0.01 mol/L HCl/mL | 9.6 | 19.6 | 9.2 | 19.2 | 9.0 | 19.0 | 8.8 | 18.8 | 8.6 | 18.6 | 8.4 | 18.4 | 8.2 | 18.2 |
| 0.5% $FeCl_3$/mL | 10 | 0 | 10 | 0 | 10 | 0 | 10 | 0 | 10 | 0 | 10 | 0 | 10 | 0 |
| $A_{480}$ | | | | | | | | | | | | | | |
| 土霉素效价/(U/mL) | 400 | | 800 | | 1000 | | 1200 | | 1400 | | 1600 | | 1800 | |
| 标准曲线方程 | | | | | | | | | | | | | | |

2. 实验数据记录（表 2）

**表 2　实验结果记录表**

| 项目 | 体积/mL | $A_{480}$ | 效价/(U/mL) | 收率/% |
| --- | --- | --- | --- | --- |
| 发酵液 | | | | — |
| 酸化液 | | | | |
| 过滤液 | | | | |

注：“—”表示不需要计算该项下数据

效价计算：将测定的吸光度代入标准线方程，再乘以稀释倍数即可得效价。

收率计算：

收率=效价×样品体积/(上步样品效价×上步样品体积)

### 六、思考题

（1）改变发酵液过滤特性的方法有哪些？简述其机理。

（2）在实验过程中为什么要一直测定土霉素的效价和收率？

# 第二节　细 胞 破 碎

细胞破碎是指利用外力破坏细胞膜和细胞壁，使细胞内容物包括目的产物释放出来的技术，其是分离纯化细胞内合成的非分泌型生化物质（产品）的基础。随着重组 DNA 技术的广泛应用，生物技术发生了质的飞跃。很多基因工程产物都是胞内物质，必须将细胞破壁使产物得以释放，才能进一步提取，因此细胞破碎是提取胞内产物的关键步骤。

## 实验四十二　超声波破碎法破碎酵母细胞

### 一、实验目的

（1）掌握超声波破碎细胞的原理和操作；

（2）学习细胞破碎率的评价方法。

### 二、实验原理

当目标产物存在于细胞内部时，则需要先把细胞壁破碎，使胞内物质释放出来，然后再提取产品。超声波是物质介质中的一种弹性机械波，液体会发生空化作用，空穴的形成、增大和闭合产生的冲击波和剪切力，使细胞破碎。频率在 15～20 kHz 的超声波，在较高输入功率（100～250 W）下可破碎细胞。超声波破碎法作为细胞破碎的一种方法在实验室规模应用较普遍，处理少量样品时操作简便，样品损失少。

## 三、实验材料和仪器

### 1. 实验材料

啤酒酵母细胞、pH=4.7 的乙酸钠-乙酸缓冲溶液、马铃薯培养基(PDA 培养基)、酒精灯、载玻片、血细胞计数板和接种针。

### 2. 实验仪器

超声波细胞粉碎机、超净工作台、灭菌锅、高速冷冻离心机、紫外-可见光分光光度计、分析天平、电子显微镜等。

## 四、实验内容

### 1. 啤酒酵母细胞的培养

(1) 菌种纯化。将啤酒酵母菌种转接至斜面培养基上，28～30℃培养 3～4 天，培养成熟后，用接种环取一环酵母菌至 10 mL 液体培养基中，28～30℃培养 24 h。

(2) 扩大培养。将培养成熟的 10 mL 液体培养基中的酵母菌全部转接至 80 mL 液体培养基的锥形瓶中，28～30℃培养 15～20 h。

### 2. 啤酒酵母细胞悬浮液的制备

扩大培养的啤酒酵母菌液经离心得到菌体，取菌体 1 g 加入 50 mL pH=4.7 的乙酸钠-乙酸缓冲溶液。

### 3. 啤酒酵母细胞破碎前计数

取 1 mL 酵母细胞悬液，适当稀释后，用血细胞计数板在显微镜下计数。

### 4. 超声波破碎酵母细胞

(1) 将 80 mL 酵母细胞悬液放入 100 mL 烧杯中，液体浸没超声发射针 1 cm。

(2) 打开开关，将频率设置为中档，超声波破碎 10 min，间歇 1 min，破碎 20 次。

### 5. 啤酒酵母细胞破碎率的测定

可以采用以下两种方式测定细胞破碎率：

(1) 取 1 mL 破碎后的细胞悬液，经适当稀释后，滴一滴在血细胞计数板上，盖上盖玻片，用电子显微镜进行观察，计数。细胞破碎率的计算公式如下：

$$Y=\frac{N_{前}-N}{N_{前}}\times 100\%$$

(2) 破碎后的细胞悬液于 12000 r/min 4℃离心 30 min，去除细胞碎片。以 Lowry 法检测上清液中蛋白质含量。

## 五、实验结果

(1)用显微镜观察细胞破碎前后的形态变化。

(2)用两种方法对细胞破碎率进行评价。一种是直接计数法，对破碎后的样品进行适当稀释后，通过在血细胞计数板上用显微镜观察来实现细胞计数，从而算出结果。另一种是间接计数法，将破碎后的细胞悬液离心分离除掉固体，然后用考马斯亮蓝法检测上清液中蛋白质含量，评估细胞的破碎程度。

## 六、注意事项

(1)超声波破碎产生的热量较大，应注意进行冰浴降温，防止活性物质失活。

(2)超声波破碎操作要短时多次进行，防止超声过程中大量热的产生。

## 七、思考题

(1)超声波破碎细胞壁的原理是什么？是否会对细胞内物质产生影响？

(2)超声波破碎不同来源的细胞有何差异？

# 实验四十三　酶溶法破碎大肠杆菌细胞

## 一、实验目的

(1)掌握酶溶法破碎细胞的原理；

(2)熟悉酶溶法破碎细胞的基本操作。

## 二、实验原理

酶溶法是利用不同水解酶，如溶菌酶、纤维素酶、蜗牛酶和酯酶等专一性地将细胞壁部分或完全分解，再利用渗透压冲击等方法破坏细胞膜，释放出细胞内物质。溶菌酶适用于革兰氏阳性菌大肠杆菌细胞壁的分解。大肠杆菌菌体在650 nm处有最大吸收，蛋白质和核酸因分别含有酪氨酸、色氨酸、苯丙氨酸等氨基酸结构和碱基结构，在260 nm、280 nm处有最大吸收。在一定浓度范围内，菌体浓度、蛋白质和核酸含量与相应的最大吸收波长下的吸光值成正比。随着菌体的破碎，菌体内蛋白质、核酸释放，溶液在650 nm、280 nm、260 nm处的吸光值会发生变化。因此，通过测定破碎过程中$A_{650}$、$A_{280}$和$A_{260}$处的吸光度变化，可间接反映大肠杆菌的破碎程度。

## 三、实验材料和仪器

### 1. 实验材料

LB培养基、溶菌酶、生理盐水、大肠杆菌、50 mmol/L Tris-HCl缓冲溶液(pH=8.5～9.0)。

2. 实验仪器

恒温摇床、超净工作台、高速冷冻离心机、紫外-可见光分光光度计、磁力搅拌器、精密酸度计、分析天平等。

## 四、实验内容

1. 大肠杆菌的培养

在 250 mL 三角瓶中，装入 50 mL LB 培养基，接种大肠杆菌，200 r/min、37℃发酵培养 18 h。

2. 大肠杆菌悬液的制备

发酵培养液经 10000 r/min 离心 20 min，弃上清液，沉淀用生理盐水打散均匀，重复离心 15 min，再弃上清液，即得大肠杆菌湿细胞，按照 1∶10 的比例加入 Tris-HCl 缓冲溶液(pH=8.5)。

3. 酶溶法破碎大肠杆菌

按照 2 mg/g 湿菌体的加酶量称取溶菌酶干粉，加入大肠杆菌悬液中，混匀，30℃保温，置于磁力搅拌器上搅拌 30 min。以 30℃继续保温酶解 60 min。

4. 破碎效果的评价

取 100 μL 菌液稀释 100 倍，于 650 nm、280 nm、260 nm 测定吸光度。酶解过程中每隔 10 min 取样测定吸光度，判断酶解破碎效果。

## 五、实验结果

大肠杆菌细胞酶溶法破碎效果实验记录(表 1)。

**表 1　酶溶法破碎效果实验记录表**

| 吸光度 | 酶解时间/min | | | | | | | | | |
|---|---|---|---|---|---|---|---|---|---|---|
| | 0 | 10 | 20 | 30 | 40 | 50 | 60 | 70 | 80 | 90 |
| $A_{650}$ | | | | | | | | | | |
| $A_{280}$ | | | | | | | | | | |
| $A_{260}$ | | | | | | | | | | |

## 六、注意事项

(1)溶菌酶只在 pH 大于 8.0 的条件下才能发挥溶菌作用，请务必保持体系 pH>8.0。

(2)温度对酶解效果影响很大，故要保持酶解过程中的温度恒温在 30℃。

(3)酶溶法破碎细胞，酶的用量一定要足够，最好使用商品化的纯酶，如果酶的纯度不够，要适当增加酶的用量。

### 七、思考题

(1)影响酶溶法破碎细胞的因素有哪些？

(2)试比较超声波破碎法、冻融法、酶溶法破碎细胞的特点。

# 第三节　发酵产物分离纯化

## 实验四十四　脂肪酶的盐析沉淀

### 一、实验目的

(1)熟悉盐析沉淀法的基本原理和实验方法；

(2)掌握硫酸铵盐析法沉淀酶蛋白的原理及操作技术。

### 二、实验原理

盐析沉淀法是生物大分子物质蛋白质(酶)常用的提取方法。蛋白质的溶解度和盐浓度密切相关，在低浓度的条件下，随着盐浓度的增加，蛋白质的溶解度增加；但在高浓度的盐溶液里，盐离子竞争性地结合蛋白表面的水分子，破坏蛋白表面的水化膜，溶解度降低，蛋白质在疏水作用下聚集形成沉淀。每种蛋白质的溶解度不同，因此可以用不同浓度的盐溶液来沉淀不同的蛋白质。硫酸铵沉淀法是粗分离蛋白时常用的纯化和浓缩蛋白的技术。硫酸铵的溶解度大，解离形成大量的$NH_4^+$、$SO_4^{2-}$会结合大量的水分子，使蛋白质的溶解度下降，另外，其温度系数小，不易使蛋白质变性。因此，蛋白质粗分离时硫酸铵沉淀法是很重要的一种技术，后续可采用层析技术进一步纯化蛋白，效率更高。

### 三、实验材料和仪器

1. 实验材料

脂肪酶酶粉、硫酸铵、氢氧化钠、酪氨酸、Folin 试剂等。

2. 实验仪器

高速冷冻离心机、真空干燥箱、酸度计、紫外-可见光分光光度计等。

### 四、实验内容

(1)制备酶液。称取一定量脂肪酶酶粉，加入适量 40～50℃的水，在 40℃水浴中浸泡并搅拌 30 min，10℃、9000 r/min 离心 30 min，取出上清液，渣子再用上述相同方法浸取一次，合并上清液，即为制得的胰蛋白酶液。测定其酶活性，要求达到 1.5 万～2.0 万 μg/mL。

(2) 酶液用 6 mol/L NaOH 调 pH 至 8.0～8.5，分别量取 100 mL 于 8 只烧杯中，记录 pH 和室温，取 1.0 mL 用 Folin 法测定酶活性(原酶液)。

(3) 酶液中分别加入硫酸铵至饱和度分别为 20%、30%、40%、50%、60%、70%、80%、90%，静置 4 h 左右，在低温条件下进行沉淀，得到不同饱和度下的蛋白质沉淀。

(4) 将含有沉淀的酶液离心处理，取上清液测定酶活性，即为该酶的溶解度 $S$；沉淀用真空干燥箱烘干，称干酶粉的质量，并用相同的方法测定其酶活性。

(5) 酶活性和收率的计算公式如下。

①原酶液和上清液酶活性：

$$\text{酶活性}(\mu g/mL)=K\times A\times N\times\frac{4}{10}$$

式中，$K$ 为斜率的倒数；$A$ 为吸光度；$N$ 为稀释倍数。

②成品酶粉酶活性：

$$\text{成品酶粉酶活性}(\mu g/g)=K\times A\times N\times\frac{0.4}{m}$$

式中，$m$ 为精确称取的干酶粉质量，g。

③收率：

$$\varphi=\frac{\text{成品酶粉酶活性}(\mu g/g)\times\text{成品酶干重}(g)}{\text{原酶液酶活性}(\mu g/mL)\times\text{体积}(mL)}\times 100\%$$

## 五、实验结果

(1) 将不同饱和度下所得固体干酶粉的实验结果列成表格，计算各饱和度下所得酶粉的酶活性，并根据蛋白酶原液的体积和酶活性及干酶粉的质量和酶活性，计算各饱和度下酶的收率。

(2) 根据固体干酶粉的酶活性和收率，综合评价盐的最适加量范围，讨论盐加量对盐析的影响。

## 六、思考题

(1) 盐析的原理是什么？

(2) 盐析操作中应该注意哪些问题？

# 实验四十五　脂肪酶的透析实验

## 一、实验目的

(1) 掌握透析的基本原理和操作；

(2) 熟悉透析袋的使用方法。

## 二、实验原理

透析是利用小分子能通过而大分子不能通过半透膜的原理把它们分开的一种重要手

段，是生物化学分离提纯过程经常使用的基本操作技术之一。蛋白质是生物大分子物质，不能透过透析膜，而小分子物质(如离子等)可以自由通过透析膜进入膜外溶液中而加以分离精制。

## 三、实验材料和仪器

### 1. 实验材料

0.5 mol/L EDTA、2% $NaHCO_3$、1% $AgNO_3$、10% $HNO_3$、10% NaOH、1% $CuSO_4$、脂肪酶-NaCl溶液、双缩脲试剂、透析袋(截留分子量为12000 Da)。

### 2. 实验仪器

分析天平、pH计、电冰箱、磁力搅拌器等。

## 四、实验内容

### 1. 透析袋的前处理

(1)将透析袋剪成适当长度，如10～20 cm的小段；

(2)在大体积的2%(*W*/*V*) $NaHCO_3$和1 mmol/L EDTA(pH=8.0)中将透析袋煮沸10 min；

(3)透析袋用蒸馏水彻底漂洗；

(4)将透析袋置于1 mmol/L EDTA(pH=8.0)中煮沸10 min；

(5)将透析袋冷却，存放于4℃，应确保透析袋始终浸没在液体中；

(6)使用前要用蒸馏水将透析袋里外加以清洗。

取出透析袋，用去离子水清洗透析袋内外，并检查透析袋是否有损坏。使用特制的透析袋夹将透析袋靠近末端的地方夹紧。

### 2. 透析操作

取8 mL脂肪酶溶液放入透析袋中(装液时透析袋内应留1/3～1/2空间，并排除袋内空气)，将开口端同样用透析袋夹夹住并放入盛有蒸馏水的烧杯中。用磁力搅拌器搅拌液体，每30 min从烧杯中取水1 mL，用10% $HNO_3$酸化溶液，再加入1% $AgNO_3$ 1～2滴，检查氯离子的存在。另外，从烧杯中取出1～2 mL进行双缩脲反应，检查烧杯中是否有蛋白质存在。

每0.5～1 h更换一次烧杯中的去离子水，以加速透析过程。直到数小时后，烧杯中的水不能检出氯离子的存在时，停止透析，并观察和检测透析袋内容物是否有蛋白质或者氯离子存在。

## 五、实验结果

根据氯离子和双缩脲反应检查结果来评价透析效果。

## 六、思考题

(1)除了透析法以外，还有哪些去除小分子物质的方法？
(2)影响透析的因素有哪些？
(3)透析时为什么将透析袋置于透析液体的中间？

# 实验四十六　离子交换法分离纯化柠檬酸

## 一、实验目的

(1)掌握离子交换树脂的结构和使用方法；
(2)熟悉离子交换法提取柠檬酸的工艺流程。

## 二、实验原理

离子交换法是采用人工合成的离子交换树脂作为吸附剂，利用库仑静电引力将待分离物质选择性地吸着到交换剂上，然后在适宜的条件下洗脱，以达到浓缩提纯的目的。离子交换树脂是一种具有离子交换能力、化学稳定性良好和具有一定机械强度的功能高分子化合物。柠檬酸是有机中强酸，溶液中可电离成3价负离子，因此可与碱性阴离子交换树脂进行交换吸附；又因它是较强的酸，故应选择弱碱性阴离子树脂，如果用强碱性阴离子树脂，虽吸附容易，但洗脱困难。本实验选择D703大孔弱碱性阴离子交换树脂，将其处理成OH型，在柠檬酸溶液的酸性条件下，D703树脂的电离度大，柠檬酸容易吸附到树脂上，再用5%氨水洗脱，树脂仍形成OH型，由于在碱性条件下弱碱树脂电离度很小，故解析容易。洗脱后所得的柠檬酸铵液再经过阳离子交换树脂转型成为柠檬酸。本实验采用732强酸性阳离子交换树脂，将其处理成H型，与柠檬酸铵上的$NH_4^+$发生交换反应，而不会与带负电性的柠檬酸作用。

## 三、实验材料和仪器

### 1. 实验材料

D703大孔弱碱性阴离子交换树脂、732强酸性阳离子交换树脂、浓氨水、95%乙醇、NaOH、HCl、邻苯二甲酸氢钾、酚酞指示剂和精密pH试纸等。

### 2. 实验仪器

离子交换层析柱、恒流泵、水浴锅、旋转蒸发仪、真空干燥箱、碱式滴定管、pH计、精密分析天平、循环水真空泵、抽滤瓶、布氏漏斗、试管、移液管、烧杯等。

## 四、实验内容

### 1. 发酵液的过滤

取发酵液2 L，置恒温水浴锅中加热至80～90℃，趁热过滤，除去菌体和不溶性杂质。测量滤液体积，并取样测定柠檬酸含量。

2. 柠檬酸含量测定方法

精确吸取一定体积溶液，加入适量的去离子水，再加入 2～3 滴 1%酚酞指示剂，以 0.1 mol/L NaOH 标准溶液滴定至粉红色，记下滴加的体积 $V_1$，柠檬酸含量(g/mL)按下式计算：

$$柠檬酸含量=\frac{V_1 \times C_1 \times 210}{V_2 \times 3000}$$

式中，$V_1$ 为 NaOH 标准溶液体积，mL；$C_1$ 为 NaOH 标准溶液浓度，mol/L；$V_2$ 为测试样体积，mL。

3. 树脂的预处理与再生

取一定量的树脂于烧杯中，清水漂洗除去悬浮的杂质，新树脂用 50～60℃热水浸泡和洗涤，洗至水无色透明为止，然后装入层析柱。对于弱碱 D703 和强酸 732 树脂，分别从柱顶通入 1 mol/L HCl 和 1 mol/L NaOH 清洗，用量分别为 5 倍和 3 倍树脂床层体积，每分钟流量约为树脂床层体积的 1/25。然后用去离子水清洗至 D703 树脂的流出液 pH=4～5，而 732 树脂为中性。再分别用 1 mol/L NaOH 和 1 mol/L HCl 清洗，除去可溶性杂质，并使 D703 树脂转为 OH 型，732 树脂转为 H 型，NaOH 和 HCl 的用量和流速均与上相同。最后均用水洗至中性备用。

4. 吸附和洗脱

在层析柱中倒入约 1/4 床层体积的去离子水，取 D703 树脂 100 mL 均匀地装入柱中，要求无气泡。通入柠檬酸滤液，每分钟流量控制为树脂床层体积的 1/50 左右。因为吸附过程中流出液的 pH 变化较明显，故应经常用 pH 试纸测定流出液的 pH 来控制吸附终点。开始流出液的 pH 较高，当 pH 下降至 3.5～4.0 时，已有柠檬酸流出，当 pH 达到 2.5～3.0 时树脂已达饱和，故要及时停止进料，避免柠檬酸损失太多。将柱内的液层降至树脂面上，通入水洗涤树脂，将洗涤水和吸附流出液合并，量体积，测柠檬酸含量，用下式计算树脂的吸附交换容量(g/mL 树脂)：

$$交换容量(g/mL\ 树脂)=\frac{U_1 \times V_1 - U_2 \times V_2}{V}$$

式中，$V_1$ 和 $U_1$ 分别为通入柱的料液体积(mL)和柠檬酸含量(g/mL)；$V_2$ 和 $U_2$ 分别为流出合并液的体积(mL)和柠檬酸含量(g/mL)；$V$ 为柱中树脂的体积，mL。

水洗结束后用 5%氨水进行洗脱，先将柱内水放至树脂表面，再加入少量 5%氨水，以保持一段液柱，防止不慎流干。控制每分钟通入氨水量为树脂床层体积的 1/150～1/100。洗脱时要经常测定洗脱流出液的 pH，当 pH 上升至 5～6 时为洗脱高峰，待 pH 达到 11 时停止洗脱。树脂用水洗涤后进行再生处理。量取洗脱液的体积并测含量，根据交换容量计算洗脱收率：

$$洗脱收率=\frac{U_3 \times V_3}{交换容量（g/mL树脂）\times V}\times 100\%$$

式中，$V_3$和$U_3$分别为洗脱液的体积(mL)和柠檬酸含量(g/mL)。

5. 转型

取已再生好的732树脂100 mL同上法装柱，通入洗脱液，每分钟流量控制为树脂床层体积的1/150～1/100。开始流出液pH较高，弃去。待流出液pH降至2.5～3.0时开始收集。洗脱液通完后，用水相洗柱，当流出液的pH又回升至2.5～3.0时，停止收集。

6. 浓缩和结晶

浓缩和结晶与钙盐沉淀法相同。成品于0.09 MPa、50～60℃真空干燥。干成品称重，并取样测含量。

## 五、实验结果

(1)测定并求出发酵滤液、吸附流出合并液、洗脱液和最后成品的柠檬酸含量，计算吸附交换容量、洗脱收率和提取的总收率，并填入表1中。

**表1　结果记录**

| 项目 | 含量/(g/mL) | 体积/mL | 交换容量/(g/mL 树脂) | 质量/g | 收率/% |
| --- | --- | --- | --- | --- | --- |
| 发酵滤液 | | | — | — | — |
| 吸附流出合并液 | | | | — | — |
| 洗脱液 | | | — | — | |
| 成品的柠檬酸含量 | | — | — | | |

注：“—”表示不需记录或计算该项下数据

(2)评述该提取工艺的优缺点，并与钙盐沉淀法提取工艺进行比较。

## 六、思考题

(1)写出离子交换法提取柠檬酸的工艺流程简图，标明工艺条件。

(2)说明D703树脂和732树脂提取柠檬酸的作用机制。

# 实验四十七　淀粉酶的双水相萃取

## 一、实验目的

(1)掌握双水相萃取技术的基本原理和主要影响因素；

(2)熟悉聚乙二醇(PEG)/硫酸铵体系双水相萃取实验操作。

## 二、实验原理

双水相萃取是指两种亲水性聚合物的水溶液在一定条件下可以形成双水相，根据被分离物质在两相中的分配比不同而实现分离的一种分离技术。两种亲水性高聚物或高聚物与无机盐的水溶液相互混合时，达到一定浓度后会形成两相，成相物质不同程度地聚集在两相中，其中水分均占很大比例(85%～95%)，即形成两水相系统。在这种相系统中加入生物大分子物质，它们将趋向于在两相中不同程度地分配。如果条件选择恰当，目标产物集中于一相中，而杂质集中于另一相中，就可达到分离纯化的目的。

双水相萃取技术在萃取胞内酶中应用广泛，最常采用的双水相体系是 PEG/Dex 或 PEG/低分子盐系统，其中低分子盐最常采用的是硫酸铵、磷酸钾和硫酸镁。双水相系统分配系数的影响因素包括系统本身的因素，如系统组成、聚合物分子量、聚合物浓度、盐和离子强度、pH 等，以及目标产物的性质，如疏水作用、电荷、等电点和分子量等。利用双水相萃取技术可以获得特定蛋白质和生物大分子最适宜分离的相系统和最优分配。

## 三、实验材料和仪器

### 1. 实验材料

PEG400、硫酸铵、$\alpha$-淀粉酶、磷酸氢二钠、磷酸二氢钠、氯化钠、考马斯亮蓝 G-250、牛血清白蛋白。

### 2. 实验仪器

离心机、酸度计、漩涡振荡器、紫外-可见光分光光度计、分析天平等。

## 四、实验内容

(1)配制高浓度的聚合物和盐的母液：PEG400 为 500 g/L，硫酸铵为 400 g/L。

(2)萃取系统总质量为 10 g。向装有萃取溶液的刻度试管中加入一定量的 $\alpha$-淀粉酶，用去离子水补至 10 g。

(3)塞紧试管管口，并充分混匀(漩涡振荡器处理 20～60 s)，使酶在两相中的分配达到平衡。

(4)在 3000 r/min 条件下离心 5 min，使两相完全分离，根据离心管刻度读出上、下相体积。

(5)用移液器分别取出一定量的上、下相溶液，用考马斯亮蓝法测定上、下相中的蛋白质浓度，计算分配系数。

(6)保持硫酸铵浓度 120 g/L 不变，改变 PEG 400 的浓度，从 50 g/L 到 250 g/L，进行上述操作流程。

(7)保持 PEG 400 浓度 100 g/L 不变，改变硫酸铵的浓度，从 40 g/L 到 200 g/L，进行上述操作流程。

(8) 按以下公式处理数据。

分配系数：
$$K=\frac{c_1}{c_2}$$

相比：
$$R=\frac{V_1}{V_2}$$

上相含量：
$$Y_1=\frac{m_1}{m_{总}}=\frac{V_1c_1}{m_{总}}$$

下相含量：
$$Y_2=\frac{m_2}{m_{总}}=\frac{V_2c_2}{m_{总}}$$

式中，$c_1$、$c_2$ 分别为上、下相中蛋白质的浓度；$V_1$、$V_2$ 分别为上、下相的体积；$m_1$、$m_2$ 分别为目标蛋白质在上、下相的含量；$m_{总}$ 为系统中加入目标蛋白质的总量。

## 五、实验结果

(1) 蛋白标准曲线绘制结果。

(2) 记录不同条件下 $\alpha$-淀粉酶的分配系数。

## 六、注意事项

(1) 加完物料后必须将离心管沿轴向充分振摇，直至固体全部溶解。

(2) 上、下相分离时应注意用吸管小心吸出上相，将多余上相和少量下相弃去，换吸管，吸出下相。

## 七、思考题

(1) 常用的双水相体系有哪些？

(2) 双水相体系形成的过程是什么？

(3) 双水相体系形成的原因是什么？

# 实验四十八　红霉素的有机溶剂萃取

## 一、实验目的

(1) 掌握萃取操作技术；

(2) 学习从红霉素发酵液中提取红霉素的方法与技术。

## 二、实验原理

红霉素是大环内酯类抗生素，分子量 733。发酵液中红霉素 A 为有效组分，同时也会产生红霉素 B 及 C 等几种类似体。本品为白色或淡黄色结晶性粉末，无臭、味苦，在空气中有吸湿性，易溶于乙醇、氯仿、丙酮及醚等，微溶于水。有机溶剂萃取法利用红霉素在不同的酸碱度下有不同的溶解性，在碱性条件下红霉素易溶于有机溶剂，而在酸性条件下红霉素从有机溶剂中转移到酸性的缓冲液中，可以经过反复的萃取，达到浓缩去杂的目的。

## 三、实验材料和仪器

### 1. 实验材料

红霉素发酵液、甲醛、硫酸锌、乙酸、氨水、氢氧化钠、醋酸丁酯、丙酮等。

### 2. 实验仪器

pH 计、分析天平、分液漏斗、烧杯、锥形瓶、恒流泵、紫外-可见光分光光度计、真空冷冻干燥机等。

## 四、实验内容

### 1. 发酵液处理

搅拌条件下，在发酵液中加 0.05%甲醛和 4%～6%的硫酸锌，用 15%～20%的氢氧化钠溶液调 pH 至 8.2～8.8，过滤。

### 2. 滤液处理

取滤液 5 份，每份 250 mL，分别用 15%～20%的氢氧化钠溶液调 pH 为 12.5、11.5、10.5、9.5、8.5，水浴至 35℃，分别置于分液漏斗中，加入 40～50 mL 醋酸丁酯振摇萃取，静置 30 min 分层。分出下相，用 pH 计测定下相液的平衡 pH。上相为醋酸乙酯萃取液(萃取过程中如果有乳化产生可以加入适量消乳剂)。

### 3. 醋酸丁酯萃取液处理

醋酸乙酯萃取液中加适量磷酸盐缓冲液，10%醋酸调 pH 至 5～5.5，分层，用分液漏斗去除醋酸丁酯，下相加 10% NaOH 调 pH 至 7～8。

### 4. 酸化缓冲液的处理

经中和的酸性缓冲提取液保温在 35～45℃，加醋酸丁酯萃取，用 10% NaOH 碱化，调 pH 至 10.2～10.5，二次分级萃取，静置分层，得到醋酸丁酯萃取液。

### 5. 浓缩与结晶

在萃取液中加入一定量的丙酮，冷却至–5℃，放置后析出红霉素晶体。

### 6. 成品干燥

干燥是指采用气化的方法除去产品中水分或溶剂的操作过程，一般是用加热的方法来实现。干燥是生物合成产品生产的最后一道工序，目的在于除去水分或有机溶剂，以提高产品的稳定性，有利于加工、储存和运输。

过滤，取晶体，采用真空冷冻干燥法进行干燥。

## 五、实验结果

(1) 计算萃取收率和提取总收率。

(2) 以萃取收率为纵坐标、下相液的平衡 pH 为横坐标，作 pH 对萃取收率的曲线图，并分析原因。结合成品干重和红霉素的稳定性，讨论萃取时适宜的 pH 应为多少。

## 六、思考题

(1) 萃取操作的注意事项有哪些？

(2) 有机溶剂萃取分离红霉素的原理是什么？

# 实验四十九　大孔树脂吸附法分离青霉素

## 一、实验目的

(1) 熟悉大孔树脂吸附法的基本原理；

(2) 掌握用大孔树脂吸附法分离抗生素的操作过程。

## 二、实验原理

大孔树脂吸附法的分离机制主要是利用分子间的范德华引力进行吸附。本实验采用非极性大孔吸附树脂，因为它容易从极性溶液(水)中吸附弱电解质。然后，选择合适的溶剂将其从树脂上洗脱下来，以达到浓缩和提纯的目的。

大孔吸附树脂的吸附容量可按下式计算：

吸附容量(U/mL 树脂)=$U$(U/mL)×$V$(mL)−$U_1$(U/mL)×$V_1$(mL)/树脂体积(mL)

式中，$U$ 和 $V$ 分别为滤洗液的效价和体积；$U_1$ 和 $V_1$ 分别为吸附流出液的效价和体积。

洗脱收率可按下式计算：

洗脱收率=[$U_2$(U/mL)×$V_2$(mL)/树脂吸附容量(U/mL)×树脂体积(mL)]×100%

式中，$U_2$ 和 $V_2$ 分别为洗脱液的效价和体积。

## 三、实验材料和仪器

### 1. 实验材料

青霉素发酵液、大孔吸附树脂 HZ803、碱式氯化铝、氢氧化钠、乙酸丁酯、硫氰酸钠、醋酸、氨水和氯化钠等。

### 2. 实验仪器

小型板框压滤机、层析柱、分液漏斗、恒温水浴锅、酸度计、离心机、离心管、pH 试纸、真空干燥箱、抽滤瓶、布氏漏斗、烧杯、量筒等。

## 四、实验内容

### 1. 发酵液的预处理和过滤

取发酵液 5～8 L，在不断搅拌下，慢速加入 4%(根据发酵液的体积加入碱式 $AlCl_3$，使溶液中 $AlCl_3$ 的质量-体积百分浓度为 4%)碱式 $AlCl_3$(预先将其溶于水中)。8 mol/L NaOH 调 pH 至 8.0～8.5，用小型板框压滤机收集滤液，再用水洗滤饼，将洗液与滤液合并，分析滤洗液效价。

### 2. 吸附树脂预处理和装柱

大孔吸附树脂 HZ803 先用丙酮浸泡，倾去上浮的杂质，然后将树脂装柱：在柱内加入约柱体积 1/4 的丙酮，将树脂沿管壁装入柱中。再通入丙酮，控制流速每分钟约为树脂床层体积的 1/25，洗至流出液与纯净水混合不发浑(澄清)为止。再用纯净水洗至流出液无丙酮，最后用水浸泡备用。

在 25 mL 量筒中量取已预处理过的吸附树脂 20 mL，然后装柱：层析柱中加入约 1/4 柱体积的去离子水，然后将所有的树脂小心沿壁倒入柱中，装柱时应注意不应使树脂层中有气泡，控制柱底出水速度，不能让柱中水流干或溢出来。装完柱后，将水位控制至树脂面上，加入少量待吸附(已调好 pH)的发酵滤洗液，使保持一段液柱，盖好顶盖。

### 3. 吸附

取发酵滤洗液 500 mL，用 8 mol/L NaOH 调 pH=9.2，然后上柱吸附，控制流速为 0.8～1.0 mL/min，收集吸附洗出液，直至滤洗液全部通完。

### 4. 洗涤树脂

将柱中液面控制到树脂面上，然后加入少量 0.1%氨水保持一段液柱，盖好顶盖，再通入 0.1%氨水 50 mL，洗去树脂表面及间隙中的滤液。控制流速为 1.0～1.5 mL/min，收集洗涤流出液并与吸附流出液合并。量合并液的体积并取样测效价，再由发酵滤洗液效价和体积计算树脂的吸附容量(U/mL 树脂)。

### 5. 洗脱(解吸)

(1)将柱中液面控制到树脂面上，然后加上少量乙酸丁酯液，保持一段液柱，盖好顶盖，再将乙酸丁酯通入柱中，控制流速为 0.2～0.3 mL/min，用量筒收集丁酯流出液 50 mL。

(2)将乙酸丁酯流出液倒入 125 mL 分液漏斗，除去下相水，再用 50℃预热过的饱和 NaCl 10 mL 洗涤乙酸丁酯液，分去下相。

(3)量体积并测效价，根据树脂吸附量计算洗脱收率。

### 6. 成盐——制备青霉素成品

(1)洗脱液倒入 50 mL 小烧杯中，放入 35℃左右水浴，不断搅拌下，加入 20%硫氰酸钠液，加量为总亿单位的 1.5 倍(这里总亿单位指洗脱液中青霉素有效部分的质量，用洗脱液体积乘以青霉素效价表示)。

(2)慢速滴加 15%醋酸液，调节 pH=3.5～4.0，测 pH 方法：吸取上层液 0.5 mL 于 5 mL 刻度离心管中，加等体积水，充分混合，离心(3000 r/min，3 min)，用小滴管吸下相液，在 pH=0.5～5.0 的精密试纸上测 pH。

(3)pH 调到后，再慢速搅拌 5 min，保温静置 20 min，然后真空抽滤，用 20 mL 相同温度保温的去离子水洗涤滤饼。

7. 干燥

成品倒入培养皿，真空冷冻干燥。干成品称重(g)，计算成品收率。

## 五、实验结果

(1)记录滤洗液、吸附流出合并液和洗脱液的效价和体积以及成品干重和效价。
(2)计算树脂的吸附容量、洗脱收率和成品提取收率。

## 六、思考题

(1)预处理时，加入碱式 $AlCl_3$ 的作用是什么？
(2)为什么吸附 pH 要调至 9.2？说明选择乙酸丁酯为洗脱剂的理由。

# 实验五十　柠檬酸的结晶

## 一、实验目的

掌握用液体发酵法生产柠檬酸和用钙盐沉淀法获得柠檬酸结晶的方法。

## 二、实验原理

结晶是溶质呈晶态从溶液中析出来的过程。利用钙盐沉淀法获得柠檬酸结晶的主要原理是：在除杂后的发酵液中加钙盐生成柠檬酸钙沉淀，以达到与其他可溶性杂质分开的目的，其化学反应式如下：

$$2C_6H_8O_7\cdot H_2O+3CaCO_3 \longrightarrow Ca_3(C_6H_5O_7)_2\cdot 4H_2O\downarrow +3CO_2\uparrow +H_2O$$

柠檬酸钙能与硫酸作用，分解成柠檬酸和硫酸钙沉淀，得到柠檬酸粗品液，浓缩后即得柠檬酸结晶，化学反应式如下：

$$Ca_3(C_6H_5O_7)_2\cdot 4H_2O+3H_2SO_4+4H_2O \longrightarrow 2C_6H_8O_7\cdot H_2O+3CaSO_4\cdot 2H_2O$$

## 三、实验材料和仪器

1. 实验材料

柠檬酸发酵液、$CaCO_3$、1%酚酞试剂、1%～2%高锰酸钾溶液、去离子水、浓硫酸和氢氧化钠等。

2. 实验仪器

恒温水浴锅、真空干燥箱、旋转蒸发仪、循环水真空泵、离心机等。

## 四、实验内容

1. 发酵液过滤

取发酵液 2 L 置于恒温水浴锅中 80℃保温 30 min，离心(4000 r/min，10 min)，取上清液，用酸碱滴定法测上清液中柠檬酸含量。

2. $CaCO_3$ 中和沉淀

根据柠檬酸的含量计算出 $CaCO_3$ 的添加量：$CaCO_3$ 相对分子质量 $M_r$=100，$C_6H_8O_7 \cdot H_2O$ 相对分子质量 $M_r$=210.40，由反应式的物质的量比可计算出中和 1 g 柠檬酸需 0.714 g $CaCO_3$，由滤液体积和柠檬酸含量求出 $CaCO_3$ 的添加量。将滤液预热至 70℃，在上述上清液中，边搅拌边缓慢加入 $CaCO_3$，然后升温使中和终点时的温度达到 85℃，保温搅拌 30 min，趁热离心(4000 r/min，10 min)，并用 80℃左右的热水洗涤离心后的沉淀，直至无糖检测不变色。

无糖检测方法：取洗涤滤出液 20 mL，加入 1 滴 1%～2%高锰酸钾溶液，3 min 后溶液不变色，即说明糖分已洗净。

3. 硫酸分解

将中和所得沉淀物称重并放入烧杯，加入两倍量的去离子水调匀，呈糊状，在室温下加入 $H_2SO_4$ 酸解(添加量根据中和所用 $CaCO_3$ 的量计算)，边加边搅拌，之后继续保温搅拌 30 min，离心(4000 r/min，10 min)，得清亮棕黄色的酸解液。

4. 浓缩

将酸解液用旋转蒸发仪浓缩至原体积的十分之一，再将浓缩液倒入小烧杯中。

5. 结晶

将盛有浓缩液的小烧杯立即放入 50℃恒温水浴锅中，40 min 后关掉电源，自然降至室温，然后抽滤，得到柠檬酸湿晶体，放入真空干燥箱干燥，干成品称重，并取样测含量。

## 五、实验结果

(1)将实验中所得数据填入表 1。

**表 1　结果记录**

| 项目 | 测定或计算值 |
| --- | --- |
| 柠檬酸含量/% | |
| 中和所需 $CaCO_3$ 的量/g | |
| 酸解时添加 $H_2SO_4$ 溶液的体积/mL | |

(2) 描绘柠檬酸的晶体形态。

## 六、注意事项

(1) $CaCO_3$ 不可过量，以防产生胶黏物质沉淀，影响质量。

(2) 结晶过程中应注意控制中和及酸解时加入的硫酸量不要过多，否则易造成结晶后得到黑糊状杂质。

## 七、思考题

(1) 写出钙盐沉淀法制取柠檬酸结晶的工艺流程简图，标明工艺条件。

(2) 抽气过滤固体时，为什么在关闭水泵前要先拆开水泵和抽滤瓶之间的连接？

# 第四节　产品浓缩与干燥技术

# 实验五十一　产品的真空浓缩

## 一、实验目的

(1) 学习减压蒸馏的原理及其应用；

(2) 了解旋转蒸发仪的构造并掌握操作方法。

## 二、实验原理

旋转蒸发仪主要用于在减压条件下连续蒸馏大量易挥发性溶剂，尤其对萃取液的浓缩和色谱分离时接收液的蒸馏起重要作用。旋转蒸发仪的基本原理就是减压蒸馏，也就是在减压情况下，当溶剂蒸馏时，蒸馏烧瓶在连续转动。结构：蒸馏烧瓶是一个带有标准磨口接口的梨形或圆底烧瓶，通过一高度回流蛇形冷凝管与减压泵相连，回流冷凝管另一开口与带有磨口的接收烧瓶相连，用于接收被蒸发的有机溶剂。在冷凝管与减压泵之间有一三通活塞，当体系与大气相通时，可以将蒸馏烧瓶、接收烧瓶取下，转移溶剂；当体系与减压泵相通时，体系相应处于减压状态。作为蒸馏的热源，常配有相应的恒温水槽。通过控制面板控制，可使烧瓶在最适合的速度下恒速旋转，以增大蒸发面积。通过真空泵使蒸馏烧瓶处于负压状态。蒸馏烧瓶在旋转的同时置于水浴锅中恒温加热，瓶内溶液在负压下进行扩散蒸发。旋转蒸发仪系统可以密封减压至 400～

600 mm Hg；热浴加热蒸馏烧瓶中的溶剂，加热温度可接近该溶剂的沸点；同时还可进行旋转，速度为 50～160 r/min，使溶剂形成薄膜，增大蒸发面积。此外，在高效冷却器作用下，可将热蒸气迅速液化，加快蒸发速率。

## 三、实验材料和仪器

### 1. 实验材料

多糖的水浸液样品。

### 2. 实验仪器

旋转蒸发仪、循环水真空泵、恒温水浴锅等。

## 四、实验内容

(1)称量并记录蒸馏烧瓶和接收烧瓶的质量。

(2)将多糖的水浸液装入蒸馏烧瓶，体积以不超过 50%为宜。

(3)装配所有玻璃仪器，确保在所有接头上涂上凡士林。

(4)将冷凝管连上水管，打开水龙头，检查是否漏水。

(5)开机前先将调速旋钮左旋到最小，按下电源开关，指示灯亮，设置温度，连接真空泵，待负压力达到一定程度后，慢慢下降蒸馏烧瓶高度至水浴液面与蒸馏烧瓶内液面平齐，往右旋至所需要的转速，一般蒸馏用中、低速，黏度大的溶液用较低转速。

(6)如果减压蒸馏过程中液体出现暴沸，要进行适当防控，以防止暴沸。

(7)减压蒸馏结束后，将调速旋钮左旋到最小，升起蒸馏烧瓶后扶好蒸馏烧瓶的同时，断开真空泵。

(8)冷却后，称量蒸馏烧瓶、接收烧瓶，计算产物的质量和浓缩率。

## 五、实验结果

(1)记录温度对真空浓缩过程的影响。

(2)评价多糖浓缩液品质。

## 六、注意事项

(1)使用旋转蒸发仪时，应先减压，再开动电动机转动蒸馏烧瓶；结束时，应先停机，再通大气，以防蒸馏烧瓶在转动中脱落。

(2)升温速度要缓慢，尤其是在浓缩易挥发物料时。

## 七、思考题

(1)何谓减压蒸馏？适用于什么体系？

(2)当减压蒸馏完所要的化合物后，为什么要最后断开真空泵？

# 实验五十二　产品的冷冻干燥

## 一、实验目的

(1) 掌握冷冻干燥的基本原理和冷冻干燥的特点；

(2) 熟悉台式冷冻干燥机的基本构造和操作流程。

## 二、实验原理

真空冷冻干燥是先将物料冻结到共晶点温度以下，使物料中的水分变成固态的冰，然后在适当的真空度下，使冰直接升华为水蒸气，再用真空系统中的水汽凝结器（捕水器）将水蒸气冷凝，从而获得干燥制品的技术。真空冷冻干燥，就是在水的三相点以下，即在低温低压条件下，使样品中冻结的水分升华而脱去。冷冻干燥过程分为预冻、升华干燥、解析干燥 3 个过程。预冻是产品在冻结干燥之前单独的操作，用一般的冻结方法预先将产品冻成一定的形状。要维持升华干燥的不断进行，必须满足两个基本条件，即热量的不断供给和生成蒸汽的不断排除。干燥过程是由周围逐渐向内部中心干燥的，干燥过程中的传热驱动力为热源与升华界面之间的温差，而传质驱动力为升华界面与冷阱之间的蒸汽分压差。温差越大，传热速率就越快，蒸汽分压差越大，传质速率就越快。在升华干燥过程中，加热时温度不能超过物料的共熔点温度，若温度过高，将导致冰晶熔化，会影响制品质量。此外，升华干燥过程中的加热方式直接影响物料温度分布、升华界面温度、升华界面水蒸气通量和干燥时间等重要过程参数。解析干燥是在升华干燥之后，去除分布在物料基质内以游离态或结合水形式存在的水分的过程。物料的解析干燥一般要依靠比升华温度高得多的温度来完成。

## 三、实验材料和仪器

### 1. 实验材料

多糖水溶液。

### 2. 实验仪器

真空冷冻干燥机、真空泵、超低温冰箱、旋转蒸发仪、循环水真空泵。

## 四、实验内容

### 1. 前处理

采用旋转蒸发仪将多糖水溶液进行浓缩，并把样品分装到安瓿瓶或者玻璃瓶中，装量均匀，样品表面积尽量大，厚度尽量薄一些（不要超过 10 mm）。

### 2. 预冻

将处理后的样品放入超低温冰箱进行速冻，在–35℃下冷冻 3～5 h，使水分充分冻结。

3. 真空冷冻干燥

打开冷冻干燥机电源，打开制冷装置。观察显示屏上冷阱温度数字开始下降即开始预冷，当冷阱温度达到–50℃左右，设定真空冷冻干燥机的各种参数，进行真空冷冻干燥。将预冻好的物料盘置于物料架上，罩上有机玻璃罩，保证罩下端与密封圈完全接触。打开真空阀和真空计，启动真空泵，观察真空度显示屏数值开始下降。冻干 24 h 后，观察产品是否已经干燥。

4. 后处理

依次关闭真空阀、真空泵、真空计。当真空度恢复接近大气压时，打开有机玻璃罩，立即将已干燥的样品进行检查、称重、包装等。关闭电源，待冷阱中凝霜融化后，擦干冷阱内水，清洁物料架和有机玻璃罩。

5. 成品复水性实验

准确称取冻干多糖 5～6 g，在 50～55℃水中浸泡 20 min 左右。充分复水后，取出沥干，晾干表面水分后准确称重，按如下公式计算复水比：

复水比=(充分复水后产品质量/冻干后产品质量)×100%

## 五、实验结果

(1) 做出冻干曲线。
(2) 对产品进行评价。

## 六、思考题

(1) 冷冻干燥与传统干燥相比有哪些优点？
(2) 冷冻干燥时，是否真空度越高越好？为什么？

# 实验五十三　产品的喷雾干燥

## 一、实验目的

(1) 熟悉喷雾干燥的基本原理；
(2) 了解喷雾干燥装置的特点。

## 二、实验原理

喷雾干燥的基本原理是将欲干燥的浆料分散成雾滴，然后与热气流接触，同时在瞬间脱水得到粉状或球状的颗粒。雾化是该装置最基本的条件，它依靠喷嘴去完成。雾化的液体与热气流的接触表面积很大，它与较高温度的气流一接触就迅速进行传热传质，雾滴水分吸收热量后又迅速蒸发成水蒸气，空气既作载热体又作载湿体。在干燥初期，雾滴很小，物料内部湿含量的扩散传递而造成的干燥阻力几乎等于零，物料的温度一直处于物料的表面湿球温度，为恒速干燥阶段。在物料表面没有充足水分时，物料就开始升温并在内部形成温度梯度，为降速干燥阶段。当温度梯度很大，物料内部的蒸汽压大于物料粒子表面内聚力时，粒子即会爆开，瞬时增大传质蒸发表面。因此，喷雾干燥的粉末大多是非球形。

## 三、实验材料和仪器

### 1. 实验材料

果蔬发酵液。

### 2. 实验仪器

小型喷雾干燥机、离心机、分析天平等。

## 四、实验内容

### 1. 检查设备

检查喷头及管件连接是否正确、密封。

### 2. 样品准备

离心除去果蔬发酵液中的颗粒。

### 3. 喷雾干燥

(1) 打开电源，设定进风温度为120～200℃，出风温度为60～90℃。

(2) 打开鼓风机开关。

(3) 打开加热开关。

(4) 当温度达到设定温度时，按下压缩泵按键。

(5) 打开蠕动泵开关，开始进料液，进料速度为700 mL/h。

(6) 通过调节压缩泵、蠕动泵和脉冲旋钮来调整液料喷雾速度的快慢和喷雾量的大小，喷雾干燥开始。

(7) 喷雾干燥结束，关闭机器。

(8) 仪器冷却后，取下接收瓶、各部分组件及喷头，洗净。

## 五、实验结果

称重，计算得率。

## 六、思考题

喷雾干燥的原理是什么？

# 第五章　发酵工艺实例

## 第一节　食品发酵工艺实验

### 实验五十四　泡菜的发酵

扫一扫，看视频

#### 一、实验目的

(1)了解泡菜的口味、特点；

(2)了解泡菜的加工工艺，掌握食品腌制发酵的基本原理。

#### 二、实验原理

蔬菜或老盐水中带有乳酸菌、酵母菌等微生物，利用蔬菜或老盐水中的糖进行乳酸发酵、乙醇发酵等，可得到酸咸适中、美味可口的泡菜。泡菜中盐分和发酵生成的乳酸、乙醇可以抑制有害菌的生长繁殖，从而使泡菜能长期保存。

#### 三、实验材料和仪器

1. 实验材料

(1)原料：胡萝卜、萝卜、白菜、黄瓜、芹菜等。

(2)调料：食盐、蔗糖、生姜、干红辣椒、花椒、八角、茴香、陈皮、草果、胡椒粉等。

2. 实验仪器

泡菜坛、菜刀、菜板、塑料盆、pH 计等。

#### 四、实验内容

1. 原料处理

将新鲜的原料蔬菜——胡萝卜、萝卜、白菜、黄瓜、芹菜等充分洗干净，整形，细心地除去菜皮、粗叶脉、须根、腐败部分、变色部分等后各称取 200 g。胡萝卜、萝卜、黄瓜切成厚约 0.5 cm、长约 4 cm 的条，白菜切成宽 1 cm、长 4 cm 的小片，在通风良好的地方稍稍阴干，待用。

2. 食盐水的配制

选用井水、泉水等含矿物质较多的硬水，若水质较软，配制盐水时酌情加少量钙盐(如质量浓度为 0.5 g/L 的 $CaCl_2$）以增加成品脆性。配制比例是：冷却的沸水 1.25 kg，盐 88 g，糖 25 g，也可以在新盐水中加入 25%～30%的老盐水，以调味接种。

3. 参考香料包的制作

称取花椒 2.5 g，八角 1 g，生姜 1 g，其他如茴香、草果等适量。各种香料最好碾磨成粉包裹。或用生姜、干红辣椒各 30 g，花椒、茴香、陈皮、胡椒粉各 1 g，用纱布包好后待用。

4. 装坛

泡菜坛使用前应充分洗净，沥干水分。将洗涤晾干的原料蔬菜放入泡菜坛中，放到一半左右时再放入用纱布包着的香料包，然后再放入剩余的蔬菜。装到离坛口 5～8 cm 处往下压紧，加入盐水将蔬菜完全淹没，然后将泡菜坛的碗形盖覆在泡菜坛上，在坛口水沟中注入冷却的水或者浓度为 200 g/L 的盐水。在阴凉的地方将泡菜坛放置 1～2 天后，由于食盐的渗透压作用，坛中的蔬菜体积变小，食盐水的高度也同时降低，此时可以再加入适量的蔬菜和与之相适应的食盐水，装到离坛口 3 cm 以下处。

5. 腌制

泡菜的最适腌制时间因使用的蔬菜品种、食盐水浓度和气温而异。常温腌制 5～6 天即可食用，观察其颜色、质地、风味的变化。

6. 产品检验

1）功能指标

保持新鲜蔬菜的色泽，有香气，甜味、酸味和咸味平衡。

2）理化指标

食盐浓度为 2%～4%，总酸为 0.4%～0.8%。

pH 测定采用 pH 计进行；总酸度测定采用酸碱滴定法，用 0.1 mol/L NaOH 标定后进行滴定。

3）微生物指标

菌落总数：《食品微生物学检验 菌落总数测定》（GB 4789.2—2022）。

大肠菌数：《食品微生物学检验 大肠菌群计数》（GB 4789.3—2016）。

真菌数：《食品微生物学检验 霉菌和酵母计数》（GB 4789.15—2016）。

乳酸菌数：《食品微生物学检验 乳酸菌检验》（GB 4789.35—2023）。

## 五、思考题

（1）泡菜坛坛口水沟中加水的目的是什么？

（2）泡制用水的硬度对成品质量的影响如何？

（3）泡菜制作时，常出现的问题是什么？如何进行预防？

（4）试述泡菜发酵机理，以及腌制时是如何抑制杂菌的。

# 实验五十五　凝固型酸奶的制作

扫一扫，看视频

## 一、实验目的

(1)熟悉原料乳检验的内容和方法；

(2)掌握酸凝乳的制造方法和基本原理；

(3)了解发酵剂制备的过程和操作要点；

(4)了解不同发酵剂及配比对酸凝乳品质的影响；

(5)对最终产品进行感官评定及理化检测，并进行品质比较。

## 二、实验原理

酸奶是以牛乳或羊乳为原料(或加入蔗糖)，对其杀菌后，在微生物的作用下进行乳酸发酵形成的具有细腻的凝块和特别芳香风味的乳制品，也叫酸凝乳或酸牛奶，属于发酵乳制品。

## 三、实验材料和仪器

### 1. 实验材料

(1)原辅材料：脱脂乳粉、全脂乳粉或新鲜牛乳、白砂糖、乳酸菌纯菌种(嗜热链球菌和保加利亚乳杆菌)、乳酸菌菌数测定培养基等。

(2)试剂：NaOH、2,3,5-氯化三苯基四氮唑、邻苯二甲酸氢钾、酚酞指示剂、浓硫酸、异戊醇等，所有试剂均为分析纯。

### 2. 实验仪器

超净工作台、生化培养箱、pH 计、冰箱、电子秤、四旋盖玻璃瓶、高压杀菌锅、高压均质机、相关玻璃仪器、水浴锅、盖勃乳脂计、乳脂离心机等。

## 四、实验内容

### 1. 原料乳检验

常规检验：色泽、气味、组织状态等。原料乳(新鲜牛乳)应为乳白色或略带黄色，无不良气味，组织状态均匀一致，无肉眼可见杂质，无絮凝沉淀等。

新鲜度检验：煮沸试验合格、酸度＜18 °T[①]。

煮沸试验：将适量原料乳(新鲜牛乳)用烧杯煮沸，观察是否有絮状沉淀。若有则原料乳不新鲜，不可用于制作酸奶；若没有则表示合格，可进一步进行酸度滴定检验。

酸度滴定检验：取 10 mL 原料乳于三角瓶中，加入 20 mL 蒸馏水按照本实验第六部

---

① °T 指滴定 100 mL 牛乳样品消耗 0.10 mol/L 氢氧化钠溶液的体积(mL)，或滴定 10 mL 牛乳所用去的 0.10 mol/L 氢氧化钠的体积(mL)乘以 10。外表酸度与真实酸度之和即为牛乳的总酸度(而新鲜牛奶总酸度即为外表酸度)。

分直接滴定法测定酸度(吉尔涅尔度)，要求酸度＜18 °T，否则不能使用。

抗生素检验：TTC 试验阴性。

TTC 试验：取原料乳(新鲜牛乳)9 mL 放入试管中，置于 80℃水浴中保持 5 min，冷却至 37℃，加入嗜热链球菌菌液 1 mL，于(36±1)℃保温 2 h，加入 4% TTC 指示剂溶液 0.3 mL，(36±1)℃保温 30 min，观察牛乳颜色的变化。若呈红色反应，则说明无抗生素残留；若试样不显色，则再继续保温 30 min；若仍不显色，则试样有抗生素残留，不可用于发酵酸奶。

TTC 指示剂：称取 2,3,5-氯化三苯基四氮唑 1 g，溶于 25 mL 灭菌蒸馏水中，装入棕色试剂瓶在 7℃以下的冰箱暗处保存。临用时用灭菌蒸馏水稀释至 5 倍。

2. 发酵剂的制备

1)扩大培养顺序

种子培养物→母发酵剂→中间发酵剂→工作发酵剂(两菌种混合，球、杆菌比例为 1∶1)，本实验要求母发酵剂扩大培养至中间发酵剂即可。

2)母发酵剂制备流程(图 1)

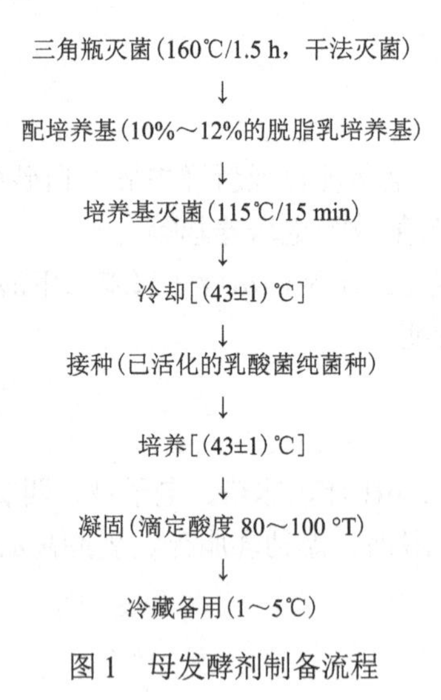


图 1　母发酵剂制备流程

3)培养基的选择

母发酵剂、中间发酵剂的培养基一般用高质量无抗生素残留的脱脂乳粉制备，培养基干物质含量为 10%～12%。115℃/15 min 或 90℃/30 min 杀菌。

工作发酵剂用培养基可用高质量无抗生素残留的脱脂乳粉或全脂乳制备，推荐杀菌温度和时间为 90℃/30 min。

3. 凝固型酸奶的制备工艺流程及工艺参数

凝固型酸奶的制备工艺流程及工艺参数见图 2。

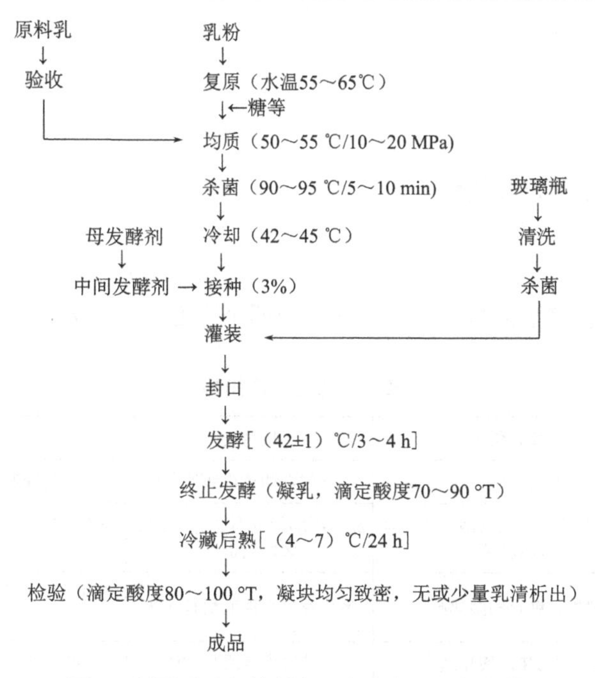


图 2　凝固型酸奶的制备工艺流程及工艺参数

(1)原料乳验收或乳粉复原：原料乳经过检验合格后，用四层纱布(或 100 目尼龙绢布)过滤；加糖的目的是提高酸奶的甜度，同时也可提高酸奶的黏度，一般使用白砂糖，添加量为 6%～9%，实验室可使用牛奶溶糖，溶糖后以四层纱布过滤再进入下一步操作。也可使用全脂淡奶粉复原制造酸奶，全脂淡奶粉与水以 1∶8 比例配制，配制后同样加入 6%～9%的白砂糖溶糖。

(2)均质：均质是为了使酸奶口感更细腻柔滑。通常将原料乳预热后在 10～20 MPa 压力下进行均质。

(3)杀菌：杀菌目的是杀灭牛乳中的致病菌和有害菌，并为乳酸菌的繁殖创造条件。

(4)冷却：由于乳酸菌的最适生长温度在 42℃左右，因此需将杀菌后的物料冷却至该温度再进行接种。

(5)接种：将中间发酵剂充分搅拌，直接添加至物料中，并搅拌混合均匀。

(6)灌装：将接种后的物料分装至杀菌后的玻璃瓶并封口密封。

(7)发酵：将玻璃瓶放入生化培养箱，设置温度为 42℃，经 2～3 h 发酵后进行观察。判定发酵终点：①缓缓倾斜瓶身，观察酸奶的流动性和组织状态，若上瓶口液面表面平滑，流动性差，则可终止发酵；若仍有较好流动性，则需继续发酵。②抽样测定酸度，一般酸度达到 70～90 °T 即可终止发酵。判定发酵终点是酸奶制作过程中重要的一环，判定过早，则酸奶酸度不够，组织稀软，风味淡；判定过晚，则酸度过高，乳清大量析出，风味差。

(8)冷藏后熟：冷藏的目的是有效地抑制乳酸菌的生长，终止发酵过程，防止产酸过度，稳定酸奶的组织状态，尽量减少乳清析出，同时在冷藏过程中可促进风味物质的产生。一般需要 12～24 h。

## 五、产品检验

### 1. 产品酸度检测

采用直接滴定法测定酸奶酸度。

### 2. 感官评定

凝固型酸奶的感官指标从色、香、味、形四个方面进行评定（表 1）。

**表 1　感官评定指标**

| 指标 | 质量优 | 质量良 | 质量差 |
| --- | --- | --- | --- |
| 色泽 | 均匀，乳白色 | 不均匀，微黄色或浅灰色 | 色泽灰暗或出现异常颜色 |
| 组织状态 | 凝乳细腻均匀，无气泡，允许有少量乳清 | 凝乳不均匀也不结实，有较多乳清析出 | 凝乳不良，有气泡，乳清析出严重或出现其他异常 |
| 气味 | 清香、纯正的酸奶味 | 酸奶香气平淡或稍有异味 | 有腐败味、霉变味、酒精发酵味或其他不良气味 |
| 滋味 | 纯正酸奶味，酸甜适中 | 酸味过度或甜味过度 | 有苦味、涩味或其他不良滋味 |

### 3. 蛋白质测定

按照《食品安全国家标准 食品中蛋白质的测定》（GB 5009.5—2016）测定方法进行测定，蛋白质含量应≥2.9%。

### 4. 脂肪的测定

采用盖勃法测定酸奶中脂肪含量，脂肪含量应≥3.1%。

### 5. 产品中乳酸菌活菌数测定

平板计数法；按照《食品微生物学检验 乳酸菌检验》（GB/T 4789.35—2016）测定方法进行测定。

## 六、分析方法

### 1. 直接滴定法测定酸奶酸度

1）0.1 mol/L 氢氧化钠溶液的标定

（1）0.1 mol/L 氢氧化钠标准溶液（1000 mL）：准确称取 4 g 氢氧化钠固体加水溶解，稍冷却后转入 1000 mL 容量瓶中定容，充分摇匀。

（2）准确称取 0.4000～0.5000 g 基准试剂邻苯二甲酸氢钾三份，置于锥形瓶中并标号，加 20～30 mL 蒸馏水溶解后，加 1 滴酚酞指示剂。

（3）用配制好的氢氧化钠溶液分别滴定至溶液呈微红色，30 s 内不褪色。记录每次消耗的氢氧化钠溶液的体积数，并计算，结果用算术平均值表示，保留三位有效数字。

$$c=\frac{m_1\times 1000}{204.22\times V_1}$$

式中，$c$ 为氢氧化钠标准溶液的摩尔浓度，mol/L；$m_1$ 为基准试剂邻苯二甲酸氢钾的质量，g；204.22 为邻苯二甲酸氢钾的摩尔质量，g/mol；$V_1$ 为滴定时消耗氢氧化钠标准溶液的体积，mL。

2) 酸度的测定

(1) 称取 10 g (精确到 0.001 g) 样品，置于 150 mL 锥形瓶中。

(2) 加 20 mL 蒸馏水，混匀。

(3) 再加入 2.0 mL 酚酞指示液，混匀。

(4) 用氢氧化钠标准溶液滴定至微红色，并在 30 s 内不褪色。记录消耗的氢氧化钠标准溶液的体积数，重复三次。

3) 计算

试样中的酸度数值以°T 表示，按下式计算：

$$X_2=\frac{c\times V_2\times 100}{m_2\times 0.1}$$

式中，$X_2$ 为试样的酸度，°T；$c$ 为氢氧化钠标准溶液的摩尔浓度，mol/L；$V_2$ 为滴定时消耗氢氧化钠标准溶液的体积，mL；$m_2$ 为试样的质量，g；0.1 为酸度理论定义氢氧化钠的摩尔浓度，mol/L。

结果用算术平均值表示，且保留三位有效数字。

### 2. 盖勃法测定牛乳中脂肪含量

于盖勃乳脂计中先加入 10 mL 浓硫酸 (A.R.)，再沿着管壁小心准确地加入 10.75 mL 样品，使样品与硫酸不要混合，然后加 1 mL 异戊醇 (A.R.)，塞上橡皮塞，使瓶口向下，同时用布包裹以防冲出，用力振摇使其呈均匀棕色液体，静置数分钟 (瓶口向下)，置 65～70℃水浴中保温 5 min，取出后置于乳脂离心机中以 1100 r/min 的转速离心 5 min，再置于 65～70℃水浴中保温 5 min (注意水浴面应高于乳脂计脂肪层)。取出后立即读数 (注意脂肪柱下弯月面与眼睛在同一水平面上)，即为脂肪的百分数。在重复性条件下获得的两次独立测定结果的绝对差值不得超过算术平均值的 5%。

## 七、思考题

(1) 牛乳的杀菌工艺有哪几种？酸奶生产中哪种最合适？为什么？

(2) 乳酸菌在牛乳中发酵的原理是什么？牛乳为什么会凝固？

# 实验五十六　腐乳的制作

## 一、实验目的

学习腐乳的制作工艺，了解腐乳发酵原理。

## 二、实验原理

天然发霉型腐乳是豆腐坯利用空气中或木盘容器上遗留的毛霉菌种在 15～18℃下生长和繁殖，经 7～15 天培养，使豆腐坯表面长满灰白色菌丝体，同时分泌大量酶，其中含有大量蛋白酶，将豆腐坯进行腌制，经过后期发酵形成质地细腻、氨基酸含量高、风味独特的腐乳。在此过程中，蛋白质在蛋白酶的作用下分解成小分子肽和氨基酸，脂肪在脂肪酶的作用下分解成甘油和脂肪酸。

腐乳的种类很多，根据原材料配方、表面色泽、风味呈现可将腐乳分为不同种类，主要有白腐乳、红腐乳、清腐乳、酱腐乳等。

## 三、实验材料和仪器

### 1. 实验材料

豆腐、白酒、黄酒、米酒、食用盐、蒜粉、辣椒粉、白胡椒粉、花椒粉、红曲、纱布、粽叶或荷叶、保鲜膜等。

### 2. 实验仪器

恒温培养箱、菜刀、菜板、有盖玻璃瓶、研钵、蒸发皿、电热干燥箱等。

## 四、实验内容

### 1. 原料处理

(1)从市场上购买新鲜的老豆腐，若老豆腐含水量高，需进行脱水处理，即将老豆腐包上干净的纱布，以平整重物轻压，将水分挤出，用厨房纸巾擦干水分，最终使豆腐水分含量在 70%左右。

(2)将豆腐切成方块，每块为 2.5～3 cm 见方。

(3)平盘中平铺粽叶或荷叶(也可用厨房纸巾)，将切好的豆腐块摆放在粽叶上，每块之间留有一定间隙，豆腐上再铺一层粽叶。天气干燥时，可封上保鲜膜，将平盘放在室温 15～20℃处(若气温过高，可放入恒温培养箱)静置 1 周，每天观察表面状况。1 周后表面出现少许白毛或粉红色黏液即可进行下一步操作，如有黑色或绿色霉菌则将其丢弃。

(4)当毛霉生长旺盛，并呈淡黄色时，去除包裹平盘的保鲜膜以及铺在上面的粽叶，使豆腐块的热量和水分能够迅速散失，同时散去霉味。这一过程一般持续 36 h 以上。

(5)将食用盐、蒜粉、辣椒粉、白胡椒粉、花椒粉、红曲按一定比例(其中盐占 40%～50%)混合。豆腐与盐的比例约为 5∶1。

(6)将玻璃瓶和盖清洗干净，热水消毒晾干，将长有毛霉的豆腐先在白酒中蘸滚，取出再放入调料中蘸滚，一块块放置于瓶中，在接近瓶口的最上层盐需适量多放，以避免杂菌的污染，加入黄酒或米酒至接近瓶口的位置，将瓶口通过酒精灯火焰，盖上瓶盖密封保存，一周后开瓶品尝分析。

2. 测试方法和质量评价

(1) 水分测试：精确称取经研钵研磨成糊状的样品 5～10 g(精确到 0.02 g)，置于已知质量的蒸发皿中，均匀摊平后，在 100～105℃电热干燥箱内干燥 4 h，取出后置于干燥器内冷却至室温后称重，然后再烘 30 min，直至所称质量不变为止。样品水分含量(%)计算公式如下：

样品水分含量=(烘干前容器和样品质量–烘干后容器和样品质量)/烘干前样品质量

(2) 腐乳质量的评价：制作成功的腐乳应该具有的特点有色泽基本一致、味道鲜美、咸淡适口、无异味、块形整齐、厚薄均匀、质地细腻、无杂质。

## 五、思考题

(1) 人们日常吃的豆腐中，哪种适合用来做腐乳？

(2) 豆腐发酵的温度为什么保持在 15～18℃？

(3) 腐乳表面的“皮”是怎么形成的？它的作用是什么？它对人体有害吗？

(4) 腌制过程中加盐的目的是什么？为什么要逐层增加盐的分量？盐的多少对腐乳有什么影响？

(5) 你认为在整个操作过程中，有哪些操作可以抑制杂菌的污染？

# 第二节　酒类发酵工艺实验

## 实验五十七　啤酒的发酵

扫一扫，看视频

## 一、实验目的

(1) 学习啤酒生产中麦芽汁的生产方法，掌握工艺流程；

(2) 掌握菌种复壮纯化技术和实验室扩大培养技术；

(3) 掌握啤酒发酵的主发酵和后发酵的工艺，了解发酵各阶段的变化特征。

## 二、实验材料和仪器

1. 实验材料

麦芽、酒花、酵母菌种、0.5%碘液、蔗糖等。

2. 实验仪器

发酵罐、粉碎机、灭菌锅、接种台、温度计、糖度计、pH 计、10～30℃可调生化培养箱等，详见“(一) 糖化麦芽汁的制备”和“(二) 啤酒发酵”两部分。

## 三、实验内容

(1) 麦芽汁的制备(糖化)。

(2) 啤酒发酵。

(3) 啤酒的品评。

## (一) 糖化麦芽汁的制备

### 1. 实验目的

通过麦芽汁的制备，了解麦芽中所含的主要物质和酶系及麦芽汁生产中酶的作用条件、物质的变化；掌握麦芽汁生产工艺方法及麦芽汁质量的调控，为啤酒发酵准备原料。

### 2. 实验原理

(1) 利用麦芽所含的酶使原料中的大分子物质如淀粉、蛋白质等逐步降解，使可溶性物质如糖类、糊精、氨基酸、肽类等溶出。

(2) 麦芽汁制备工艺包括原料糖化、麦醪过滤和麦芽汁煮沸等几个步骤，选择糖化工艺的原则是确定适合各种酶作用的最佳条件。

(3) 糖化麦芽汁中含有一定量的高分子多肽和水溶性蛋白质，若存留在啤酒中，当其受到外界条件的影响从啤酒中分离出来时，会造成啤酒的非生物性浑浊。在麦芽汁煮沸时经过强烈的加热和分子间碰撞，这些多肽和水溶性蛋白质会絮凝形成蛋白颗粒而沉淀下来，即热凝固物，可消除造成啤酒非生物性浑浊的隐患。

(4) 啤酒中的苦味来自于酒花。当麦芽汁煮沸 1～1.5 h 后，可使酒花中的苦味最大限度地释出，且酒花中的多酚物质和麦芽汁中的蛋白质形成多酚-蛋白沉淀，使麦芽汁澄清。

### 3. 实验器材

糖化车间一般有四种设备：糊化锅、糖化锅、麦芽汁过滤槽和麦芽汁煮沸锅。本实验采用糖化锅和麦芽汁煮沸锅合二为一的设备，以浸出糖化法，用全麦芽来制作麦芽汁。

### 4. 实验内容

1) 工艺流程

麦芽粉碎→按 1∶4 比例加水→55℃保持 40 min 进行蛋白质休止→升温至 63℃→糖化约 2 h (淀粉试验)→升温至 78℃保持 10 min→过滤→澄清麦芽汁→调整麦芽汁的浓度至 12 °P[①]。

(1) 粉碎前提前 5～10 min 加适量水湿润麦芽表面，达到麦芽破而不碎的要求，粗、细粒比为 1∶2.5。

(2) 将糖化麦芽汁预先加入足量的水进行煮沸，总煮沸时间为 90 min。酒花添加量为 0.1%，分次加入，具体如下：麦芽汁煮沸后加入酒花总量的 10%，40 min 后加

---

① °P 表示麦芽度，是啤酒麦芽汁浓度的单位，表示每公斤麦芽汁含有的麦芽汁糖类的数量。

入酒花总量的 50%，麦芽汁煮沸结束前 10 min 加入酒花总量的 40%，煮沸为成型麦芽汁。

(3) 糖化时，每 10 min 取清液用碘液检测一次，至碘液反应不变蓝即确定糖化完成。

2) 麦芽汁糖化参数的测定

(1) 过滤速度的测定：以从麦芽汁返回重滤开始至全部麦芽汁滤完为止所需的时间来计算，以快、正常和慢等来表示，1 h 内完成过滤的规定为“正常”，过滤时间超过 1 h 的报告为“慢”(注：比“正常”过滤时间更短的为“快”。在大于 100 L 麦芽汁制备过程中，只要过滤不是“慢”就视为参数正常；而在实验室小型麦芽汁制备过程中，过滤速度的测定以麦芽汁返回，重滤得到 200 mL 麦芽汁所需的时间来测定)。

(2) 气味的检查：糖化过程中注意糖化醪的气味。具有相应麦芽类型的气味规定为“正常”，因此深色麦芽若有芳香味，应报以“正常”；若样品缺乏此味，则以“不正常”表示，其他异味亦应注明。

(3) 透明度的检查：麦芽汁的透明度用“透明”、“微雾”、“雾状”和“浑浊”表示。

(4) 蛋白质凝固情况检查：强烈煮沸麦芽汁 5 min，观察蛋白质凝固情况。在透亮麦芽汁中凝结有大块絮状蛋白质沉淀，记录为“好”；若蛋白质凝结为细粒状，但麦芽汁仍透明清亮，则记录为“细小”；若虽有沉淀形成，但麦芽汁不清，可表示为“不完全”；若没有蛋白质凝结，则记录为“无”。

(5) 麦芽汁浓度调整：

$$A \times V_1 = B \times V_2$$

式中，$A$ 为调整前麦芽汁浓度；$V_1$ 为调整前麦芽汁体积；$B$ 为调整后麦芽汁浓度；$V_2$ 为调整后麦芽汁体积。

(6) 麦芽汁煮沸时蒸发强度 $\varphi$ 要求达到 8%～12%：

$$\varphi = \frac{V_1 - V_2}{V_1 T} \times 100\%$$

式中，$\varphi$ 为蒸发强度，%/h；$V_1$ 为煮沸前混合麦芽汁的体积，$m^3$；$V_2$ 为煮沸后热麦芽汁的体积，$m^3$；$T$ 为煮沸时间，h。

5. 注意事项

(1) 麦芽汁煮沸后的各步操作应尽可能无菌，特别是各管道及薄板冷却器应先进行杀菌处理。

(2) 麦芽粉碎一般要求粗粒与细粒(包括细粉)的比例达 1∶2.5 以上。麦皮在麦芽汁过滤时形成自然过滤层，因而要求破而不碎。如果麦皮粉碎过细，不但会造成麦芽汁过滤困难，而且麦皮中的多酚、色素等溶出量增加，会影响啤酒的色泽和口味。但麦皮粉碎过粗，难以形成致密的过滤层，会影响麦芽汁浊度和得率。麦芽胚乳是浸出物的主要部分，应粉碎得细些。为了使麦皮破而不碎，最好稍加回潮后进行粉碎。

(3) 依据糖化工艺的确定原则，蛋白酶的最适作用温度为 50～55℃，时间为 10～120 min；糖化的最适作用温度为 60～65℃，时间为 30～120 min。因此，糖化流程中在

55℃保持足够时间，可利于形成较多的氨基酸。在63℃时，要进行检测至碘液反应不变蓝，确保糖化彻底，方可升温。

(4) 要保证蒸发强度和适当的煮沸时间，使麦芽汁中的高分子多肽、可溶性蛋白质充分絮凝，这样才能使啤酒具有良好的非生物稳定性，使酒花中的$\alpha$-酸异构化并溶解，赋予啤酒柔和的苦味。

6. 思考题

(1) 蛋白质糖化温度的确定依据是什么？糖化过程中麦芽中各种酶的作用是什么？

(2) 为什么碘液反应不变蓝时，才可结束糖化？

(3) 酒花的作用是什么？

(4) 麦芽汁为什么要煮沸？煮沸强度对麦芽汁质量有什么影响？

## （二）啤 酒 发 酵

1. 实验目的

学习啤酒主发酵的过程，掌握酵母发酵规律。

2. 实验原理

啤酒主发酵是静止培养的典型代表。它是将酵母接种至盛有麦芽汁的容器中，在一定温度下培养的过程。由于酵母菌是一种兼性厌氧微生物，先利用麦芽汁中的溶解氧进行好氧生长，然后利用糖酵解或己糖二磷酸途径（EMP）进行厌氧发酵生成酒精。

3. 实验器材

啤酒发酵罐、糖度计（0～20 °Bx[①]）、酵母菌种、低温培养箱、量筒、糖度计（0～10 °P）、酒精蒸馏装置、酒精表、pH 计等。

4. 实验内容

1) 工艺流程

(1) 啤酒干酵母的活化及接种：取 2 g 蔗糖放入 100 mL 水中，烧开晾凉至 25℃左右，制成2%的糖水。称取 4 g 啤酒活性干酵母放入糖水中，27℃保温 30 min 以上；将活化好的啤酒酵母菌种按照8%～10%的比例添加到麦芽汁中进行发酵。

(2) 充氧、排杂：麦芽汁冷却过程中，必须从换热器充氧口不间断充氧，罐内压力始终保持在 0.03 MPa 至封罐；接种后第二天排冷凝固物。

(3) 测糖：接种后第二天取样测糖（至封罐前，每天必测）。

(4) 前发酵：发酵温度保持（11.0±0.2）℃，压力 0.01～0.03 MPa 至封罐，时间为3～4 天。

---

① 糖度计读出来的数值单位是白利糖度（degrees brix，符号°Bx）。这是一种糖度单位，表示在 20℃情况下，每 100 g 水溶液中溶解的蔗糖克数。

(5)封罐(还原)：糖度降到 4.2 °Bx 时，自然升温至 12℃并保持，同时封罐，压力升至 0.14 MPa 并保持，时间为 4 天。4 天后取样品尝，若无明显双乙酰味，可降温，若有明显双乙酰味，推迟 1～3 天降温。

(6)后发酵(储酒)：还原结束后，应当于 24 h 内按规定降温至 0℃，同时保持罐内压力为 0.14 MPa，时间 3～5 天。降温规定：5℃以前，以 0.5～0.7℃/h 的速率降温，5℃以后，以 0.1～0.3℃/h 的速率降温至 0℃。

(7)酵母处理：啤酒降至 2℃时，酵母可回收利用。

2)产品检测

(1)发酵流程产品检测：自啤酒发酵开始起，每 24 h 取样测外观浓度(即啤酒发酵液残留的糖度，用糖度计测定)、pH，至外观浓度 4.2 °Bx，前发酵结束。

检测方法：用 100 mL 量筒取样 100 mL，用糖度计测外观浓度并记录；用 pH 计测发酵液的 pH 并记录。

(2)成品啤酒的检测：

酒精的检测：用量筒量取 100 mL 除气啤酒、50 mL 蒸馏水放入 500 mL 烧瓶中，装上蒸馏装置，冷凝器下端用 100 mL 量筒接收蒸馏液。当蒸馏液接近 100 mL 时，停止蒸馏，加水定容至 100 mL，摇匀。用酒精表测量酒精度并记录。

真正浓度的测定：将蒸馏酒精后烧瓶中剩余液体冷却，全部倒入 100 mL 量筒中，定容至 100 mL。用糖度计测量糖度并记录。

(3)原麦芽汁浓度的计算：

$$原麦芽汁浓度 = \frac{\varphi_{酒精} \times 2.0665 + n}{100 + \varphi_{酒精} \times 1.0665} \times 100\%$$

式中，$\varphi_{酒精}$ 为酒精含量，%(体积分数)；$n$ 为啤酒的真正浓度，%。

(4)真正发酵度的计算：

$$真正发酵度 = \frac{P - n}{P} \times 100\%$$

式中，$P$ 为原麦芽汁浓度，%；$n$ 为啤酒的真正浓度，%。

(5)pH 的测定：测定方法参看 pH 计说明书。

## 5. 注意事项

(1)在发酵罐中发酵，应先弃去少量发酵液，可从取样开关处直接取样。

(2)除少数特殊的测定项目外，应将发酵液在两个干净的大烧杯中来回倾倒 50 次以上，以除去 $CO_2$，再经过滤后，滤液用于分析。分析工作应尽快完成。

(3)糖度计易碎，使用时要格外小心。

## 6. 思考题

(1)主发酵有几个阶段？

(2)后发酵的目的是什么？

(3)发酵前后糖度的变化如何？

## (三)啤酒质量评价

### 1. 实验目的

了解品酒方法，品评各种类型的啤酒。

### 2. 实验原理

啤酒是一种成分非常复杂的胶体溶液。啤酒的感官性品质同其组成有密切的关系。啤酒中的成分除了水以外，主要由两大类物质组成：一类是浸出物，另一类是挥发性成分。浸出物主要包括碳水化合物、含氮化合物、甘油、矿物质、多酚物质、苦味物质、有机酸、维生素等；挥发性成分包括乙醇、$CO_2$、高级醇类、酸类、醛类、连二酮类等。

这些成分的不同和工艺条件的差别，造成啤酒感官性品质的不同。所谓评酒就是通过对啤酒的滋味、口感及气味的整体感觉来鉴别啤酒的风味质量。评酒的要求很高，如统一用内径 60 mm、高 120 mm 的毛玻璃杯，酒温以 10～12℃为宜，一般从距杯口 3 cm 处倒入，倒酒速度适中。评酒以百分制计分：外观 10 分，气味 20 分，泡沫 15 分，口味 55 分。

良好的啤酒，除理化指标必须符合质量标准外，还必须满足以下感官性品质要求。

(1) 爽快，指有清凉感，有利落的良好味道，即爽快、轻快、新鲜。

(2) 纯正，指无杂味，亦表现为轻松、愉快、纯正、细腻、干净等。

(3) 柔和，指口感柔和，亦指表现力。

(4) 醇厚，指香味丰满，有浓度，给人以满足感，亦表现为芳醇、丰满、浓醇等。啤酒的醇厚，主要由胶体的分散度决定，因此醇厚性在很大程度上与原麦芽汁浓度有关。但浸出物含量低的啤酒有时会比含量高的啤酒口味更丰满，发酵度低的啤酒并不醇厚，而发酵度高的啤酒多是醇厚的，其酒精含量高也增加了醇厚性。泡持性好的啤酒，同时也是醇厚的啤酒。

(5) 澄清有光泽，色度适中。普通啤酒都应该澄清有光泽，无浑浊，不沉淀。色度是确定酒型的重要指标，如淡色啤酒、黄啤酒、黑啤酒等，可以外观直接分类。不同类型的啤酒有一定的色度范围。

(6) 泡沫性能良好。淡色啤酒倒入杯中时应升起洁白细腻的泡沫，并保持一定的时间。如果是含铁多或过度氧化的啤酒，有时泡沫会出现褐色或红色。

(7) 有再饮性。啤酒是供人类饮用的液体营养食品，好的啤酒会让人感到易饮，无论怎么饮都饮不腻。

### 3. 实验器材

啤酒、玻璃杯等。

### 4. 实验步骤

(1) 将啤酒降温至 10～12℃。

(2)开启瓶盖，将啤酒自 3 cm 高处缓慢倒入玻璃杯内。

(3)在干净、安静的室内按表 1 进行啤酒品评。

**表 1　淡色啤酒的给分扣分标准**

| 类别 | 项目 | 扣分要求 | 缺点 | 扣分标准 | 产品 |
|---|---|---|---|---|---|
| 外观<br>10 分 | 透明度 5 分 | 迎光检查<br>澄亮透明<br>无悬浮物<br>或沉淀物 | 澄亮透明 | 0 | |
| | | | 光泽暗淡 | 1 | |
| | | | 轻微失光 | 2 | |
| | | | 有悬浮物或沉淀物 | 3～4 | |
| | | | 严重失光 | 5 | |
| | 色泽 5 分 | 呈淡黄绿色或淡黄色 | 色泽符合要求 | 0 | |
| | | | 色泽较差 | 1～3 | |
| | | | 色泽很差 | 4～5 | |
| | 评语 | | | | |
| 泡沫性能<br>15 分 | 起泡 2 分 | 气足，倒入杯中有明显泡沫升起 | 气足，起泡好 | 0 | |
| | | | 起泡较差 | 1 | |
| | | | 不起泡沫 | 2 | |
| | 形态 4 分 | 泡沫洁白 | 洁白 | 0 | |
| | | | 不太洁白 | 1 | |
| | | | 不洁白 | 2 | |
| | | 泡沫细腻 | 细腻 | 0 | |
| | | | 泡沫较粗 | 1 | |
| | | | 泡沫粗大 | 2 | |
| | 持久 6 分 | 泡沫持久<br>缓慢下落 | 持久 4 min 以上 | 0 | |
| | | | 持久 3～4 min | 1 | |
| | | | 持久 2～3 min | 3 | |
| | | | 持久 1～2 min | 5 | |
| | | | 持久 1 min 以下 | 6 | |
| | 挂杯 3 分 | 杯壁上附有泡沫 | 挂杯好 | 0 | |
| | | | 略不挂杯 | 1 | |
| | | | 不挂杯 | 2～3 | |
| | 评语 | | | | |
| 啤酒香气<br>20 分 | 酒花香气 4 分 | 有明显的酒花香气 | 明显酒花香气 | 0 | |
| | | | 酒花香不明显 | 1～2 | |
| | | | 没有酒花香 | 3～4 | |
| | 香气纯正 12 分 | 酒花香纯正<br>无生酒花味 | 酒花香气纯正 | 0 | |
| | | | 略有生酒花味 | 1～2 | |
| | | | 有生酒花味 | 3～4 | |

续表

| 类别 | 项目 | 扣分要求 | 缺点 | 扣分标准 | 产品 |
|---|---|---|---|---|---|
| 啤酒香气 20 分 | 香气纯正 12 分 | 香气纯正无异香 | 纯正无异香 | 0 | |
| | | | 稍有异香味 | 1～4 | |
| | | | 无异香味 | 5～8 | |
| | 无老化味 4 分 | 无老化味 | 无老化味 | 0 | |
| | | | 略有老化味 | 1～2 | |
| | | | 有明显老化味 | 3～4 | |
| | 评语 | | | | |
| 酒体口味 55 分 | 纯正 5 分 | 具有纯正口味 | 口味纯正，无杂味 | 0 | |
| | | | 有轻微的杂味 | 1～2 | |
| | | | 有较明显的杂味 | 3～5 | |
| | 杀口力 5 分 | 有二氧化碳的口感 | 杀口力强 | 0 | |
| | | | 杀口力差 | 1～4 | |
| | | | 没有杀口力 | 5 | |
| | 苦味 5 分 | 苦味适口，无异常苦味 | 苦味适口，消失快 | 0 | |
| | | | 苦味消失慢 | 1～2 | |
| | | | 有明显的后苦味 | 3～4 | |
| | | | 苦味持续 | 4～5 | |
| | 淡爽或醇厚 5 分 | 口味淡爽或醇厚具有风味特征 | 淡爽，不单调 | 0 | |
| | | | 醇厚，丰富 | 0 | |
| | | | 酒体较淡 | 1～2 | |
| | | | 酒体太淡，似水样 | 3～5 | |
| | | | 酒体腻厚 | 1～5 | |
| | 柔和协调 10 分 | 酒体柔和、爽口、协调、无明显异味 | 柔和、爽口、协调 | 1～2 | |
| | | | 柔和、协调较差 | 1～2 | |
| | | | 有不成熟生青味 | 1～2 | |
| | | | 口味粗糙 | 1～2 | |
| | | | 有甜味、不爽口 | 1～2 | |
| | | | 稍有其他杂味 | 1～2 | |
| | 口味缺陷 25 分 | 不应有明显口味缺陷（缺陷扣分原则：各种口味缺陷为轻微、有、严重等的要扣分） | 没有口味缺陷 | 0 | |
| | | | 有酸味 | 1～5 | |
| | | | 酵母味或酵母臭 | 1～5 | |
| | | | 焦煳味或焦烟味 | 1～5 | |
| | | | 双乙酸味 | 1～5 | |
| | | | 污染臭味 | 1～5 | |
| | | | 高级醇味 | 1～3 | |

续表

| 类别 | 项目 | 扣分要求 | 缺点 | 扣分标准 | 产品 |
|---|---|---|---|---|---|
| 酒体口味55分 | 口味缺陷25分 | 不应有明显口味缺陷（缺陷扣分原则：各种口味缺陷为轻微、有、严重等的要扣分） | 异脂味 | 1～3 | |
| | | | 麦皮味 | 1～3 | |
| | | | 碳化物味 | 1～3 | |
| | | | 日光臭味 | 1～3 | |
| | | | 酸味 | 1～3 | |
| | | | 涩味 | 1～3 | |
| | 评语 | | | | |
| 总体评价 | | | 总计减分 | | |
| | | | 总计得分 | | |

5. 注意事项

(1)评酒时室内应保持干净，不允许杂味存在。

(2)品评人员应保持良好心态，不能吸烟，不能吃零食。

(3)先观察外观，再闻味。饮用时不宜连续饮用，避免失去判断力。

6. 思考题

啤酒的品质应该从哪些方面鉴定？

## 实验五十八 黄酒的酿造

### 一、实验目的

了解黄酒酿造的基本技术，掌握关键步骤的操作方法，熟悉理化和卫生指标的检测方法。

### 二、实验原理

(1)以糯米、大米、黍米、玉米等谷物为原料，以酒药(小曲)、麦曲或米曲为糖化发酵剂，采用边糖化边发酵的特定工艺酿制。

(2)黄酒发酵是在低温下进行的，在这种低温条件下，发酵的全部生成物及其微生物的代谢产物得以保存，从而形成黄酒特有的色、香、味。

### 三、实验材料和仪器

1. 实验材料

糯米、黄酒药等。

2. 实验仪器

分析天平、恒温箱、灭菌锅、发酵容器、折光仪等。

## 四、实验内容

### 1. 黄酒发酵工艺流程

1) 原料处理

(1) 洗米：糯米用自来水清洗，洗米洗到淋出的水无白浊为宜。

(2) 浸米：在洁净的容器中装好清水，将淘洗好的糯米倾入，水量过米面 5～6 cm 为好，浸泡时间根据气温不同，一般为 18～24 h(至米粒中央无白心为宜)。

(3) 蒸煮：将浸泡好的糯米捞起、沥干，在高压灭菌锅里蒸煮 15～20 min。要求饭粒松软、熟而不糊、内无白心。

(4) 冷却：蒸煮后的米饭，用冷水进行冲淋冷却，使米饭降温。淋饭流出的部分温水可重复淋回饭中，要保持米饭的品温在 30℃左右。淋饭后沥去多余的水分，防止水分过多而不利于酒药中根霉的生长繁殖。

2) 发酵

(1) 落缸搭窝：淋饭结束后，进行落缸搭窝。在米饭中拌入酒药粉末 30 g(5%)，翻拌均匀，并将米饭中央搭成 V 形或 U 形的凹圆窝，在米饭上面再撒些酒药粉。

(2) 糖化、加曲冲缸：搭窝后及时做好保温工作以进行糖化。经过 36～48 h 糖化以后，饭粒软化，糖液满至酿窝的 4/5 高度。此时酿窝已经成熟，向醪液中加入一定量的水进行冲缸，充分搅拌，酒醅由半固体状态转为液体状态。此时，醪液的 pH 在 4.0 以下。加水量应视醪液的状态而定，使醪液的状态保持在半流体状态为宜。

(3) 发酵、开耙：冲缸之后，酵母大量繁殖并逐步开始旺盛的酒精发酵，使酒醅温度迅速上升，经过 8～15 h 后，米饭和部分酒曲漂浮于液面上方形成泡盖，泡盖内的温度较高，为了保证酵母的正常生长繁殖，用木耙进行搅拌，使醪液的温度降低、均一。第一次开耙后每隔 3～5 h 进行第二、第三、第四次开耙，使醪液的温度控制在 26～30℃。

(4) 后发酵：主发酵结束后，醪液表面的泡盖消失，米饭逐渐沉入醪液下方。此时，进入后发酵阶段，将醪液灌入酒坛，在低温下进行后发酵。

3) 发酵后处理

(1) 压榨：发酵成熟的酒醅用纱布过滤，将酒糟与黄酒分离。

(2) 澄清：将压榨的酒液静置澄清 2～3 天，以将生酒中的少量细微悬浮固形物逐渐沉到酒缸底部。

(3) 灭菌：将澄清的酒液倒入夹层锅中加热 10 min，盖上锅盖焖熟 15 min。

(4) 储存：将灭菌后的黄酒趁热装入酒坛中，坛口用橡皮泥密封。装坛后的黄酒进行陈酿，使其产生黄酒特殊的香气与风味。

### 2. 发酵条件的控制要点

1) 温度

(1) 投料品温控制：淋饭品温控制在 27～30℃。发酵醪液温度可保持在 27℃左右。

为了防止温度过高，必须经常对温度进行监测，若温度过高，可以用冷水浴进行降温。

(2)主发酵温度控制：主发酵温度通过开耙控制，控制醪液品温的方法是经常进行开耙处理，并补充一定量的水，使酵母活性得到提高。

头耙后的品温控制在22～26℃，经过3～4 h后，温度升至30～32℃；此时开第二耙，耙后品温控制在26～29℃，第三、第四耙的品温在30℃以下。

(3)后发酵温度控制：后发酵温度控制在15℃以下，使黄酒产生特殊的风味。

2)发酵时间的控制

前期糖化时间视酒曲中糖化酶的活性而定，一般在两天内糖液可以达到酿窝的4/5高度；醪液中米粒沉入底部，可以认为主发酵阶段结束，能够进入后发酵阶段，后发酵时间为一个月。

3. 各项指标的监测

1)原料淀粉含量测定

采用《黄酒》(GB/T 13662—2018)廉爱农法(仲裁法)：费林溶液与还原糖共沸，生成氧化亚铜沉淀。以次甲基蓝为指示液，用试样水解液滴定沸腾状态的费林溶液，达到终点时，稍微过量的还原糖将次甲基蓝还原成无色为终点，依据试样水解液的消耗体积，计算总糖含量。

2)糖度的测定

利用折光仪测定黄酒中糖的含量，主要是测定黄酒中可溶性固形物的含量。黄酒中可溶性固形物主要是糖类物质，其在折光仪中有不同的旋光度，通过对其旋光度的测定来确定黄酒中糖的含量。

3)酒精度的测定

试样经过蒸馏，用酒精计测定馏出液中酒精的含量。

4)酸度的测定

采用酸碱滴定法，用0.1 mol/L的NaOH标准溶液滴定酒液。酸的浓度以乳酸计。

## 五、注意事项

(1)黄酒在生产过程中的影响因素很多，主要有发酵温度和发酵时间。在黄酒的发酵过程中，前期糖化温度应控制在(26±0.5)℃；后期主发酵温度应控制在28～30℃；头耙品温是影响黄酒品质的关键，头耙品温应控制在32℃以下，否则酵母的活性会受到抑制，产生“烧曲”现象。

(2)糖化发酵时间视酒母的糖化能力而定，一般糖化液到达酿窝的4/5时，就可以冲缸进行主发酵；主发酵时间一般为5～7天，主发酵阶段结束的标志是醪液中的米粒逐渐沉入容器底部；后发酵时间较长，是黄酒形成特殊风味的阶段。

## 六、思考题

(1)引起黄酒酸败的原因是什么？

(2) 后期陈酿过程中，黄酒酒精含量降低的原因是什么？

(3) 影响黄酒品质的主要因素有哪些？

扫一扫，看视频

# 实验五十九　葡萄酒的酿造

## 一、实验目的

(1) 学习和掌握葡萄酒的酿造原理和加工方法，了解葡萄酒酿造过程中的物质变化和工艺条件；

(2) 学习葡萄酒的理化分析和感官鉴定方法；

(3) 对葡萄酒的加工过程和产品增加感性认识。

## 二、实验原理

葡萄酒是以新鲜的葡萄或葡萄汁为原料，经全部或部分酒精发酵酿造而成的含有一定酒精度的发酵酒，其酒精度≥7.0%(20℃，体积分数)。

葡萄酒酿造时，利用葡萄酒酵母将新鲜葡萄汁中的葡萄糖、果糖等可发酵性糖转化生成酒精和二氧化碳，同时生成高级醇、脂肪酸、挥发酸、酯类等副产物，并将原料葡萄汁中的色素、单宁、有机酸、果香物质、无机盐等所有与葡萄酒质量有关的成分都带入发酵的原酒中，再经过陈酿和澄清等后处理，产生酒质达到清澈透明、色泽美观、滋味醇和、芳香悦人的葡萄酒产品。

本实验重点介绍干型葡萄酒的酿造工艺。按照新国标《葡萄酒》(GB 15037—2006)的规定，干型葡萄酒是指含糖(以葡萄糖计)小于或等于 4.0 g/L 的葡萄酒；或者当总糖与总酸(以酒石酸计)的差值小于或等于 2.0 g/L 时，含糖最高为 9.0 g/L 的葡萄酒。如果要获得其他类型的葡萄酒，如半干葡萄酒、半甜葡萄酒或甜葡萄酒，可在干型葡萄酒的基础上进行后加工处理制得。

## 三、实验材料和仪器

### 1. 实验材料

新鲜葡萄：酿造干白葡萄酒的葡萄品种有玫瑰香、贵人香、龙眼、霞多丽、白羽、白玉霓、白诗南、巨峰等，主要特点是采用白肉葡萄或红皮白肉的葡萄果汁发酵。酿造干红葡萄酒的葡萄品种有蛇龙珠、赤霞珠、品丽珠、梅鹿辄、黑比诺、佳丽酿等，主要特点是采用红皮白肉或红皮红肉的葡萄果浆发酵。

活性干酵母、活性乳酸菌、果胶酶、偏重亚硫酸钾或亚硫酸溶液、蔗糖、酒石酸、明胶、皂土、0.1 mol/L NaOH 标准溶液、1/3 浓度硫酸、4 g/L 碘液、石蕊试剂或酚酞试剂、2%可溶性淀粉指示剂、酒精等。

### 2. 实验仪器

台秤、葡萄破碎机、发酵瓶、碱式滴定管、手持糖度计、酒精蒸馏装置、酒精表、葡萄压榨机或过滤白布袋、不锈钢或塑料盆、1 mL 和 2 mL 吸管、250 mL 锥形瓶、500 mL 量筒、橡胶管等。

## 四、实验内容

### (一)干白葡萄酒酿造工艺

1. 干白葡萄酒酿造工艺流程(图 1)

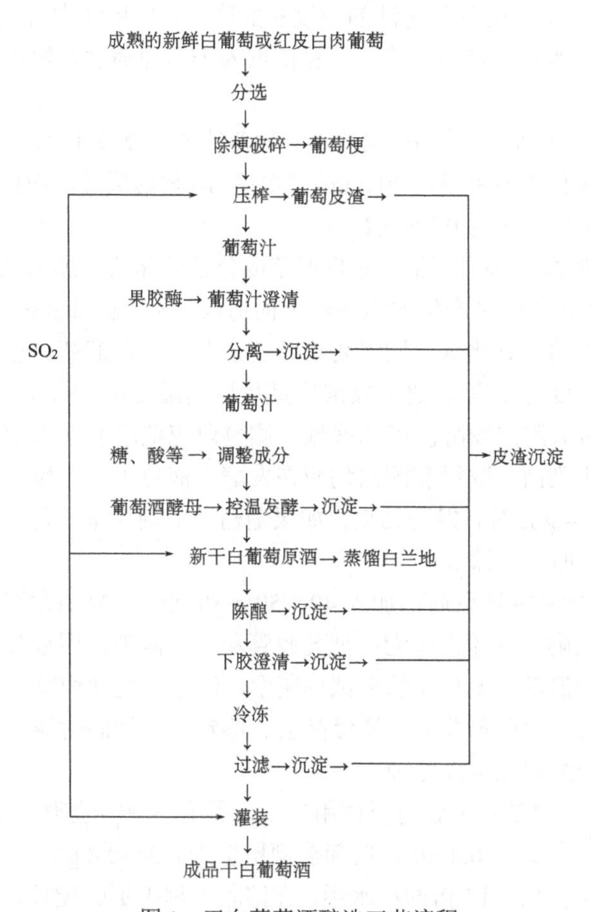


图 1　干白葡萄酒酿造工艺流程

2. 酿制干白葡萄酒的实验步骤

(1)器皿准备：葡萄破碎之前，先将葡萄破碎机及用具清洗干净，各种容器，如发酵及储酒容器等用 75%乙醇溶液冲洗消毒。注意：所有与葡萄汁或葡萄酒接触的设备或器具可用塑料、玻璃、木制品或不锈钢制成，不得用铁、铜制作。

(2)分选：挑选健全完好的葡萄果粒，除去生、青和腐败霉烂的葡萄粒。

(3) 葡萄破碎与压榨：葡萄去梗后采用破碎机破碎，所得醪液放入已消毒的葡萄压榨机或白布袋中，用手挤压榨制葡萄汁。

(4) 加 $SO_2$ 并澄清：在压榨获得的葡萄汁中加入 $SO_2$，一般用量为 80～100 mg/L（偏重亚硫酸钾的 $SO_2$ 理论含量为 57%，但使用时按 50%计算）。之后，于室温下静置 24 h。待葡萄汁液澄清后，采用虹吸法分离沉淀物，取得澄清葡萄汁。

(5) 果胶酶澄清：果胶酶的添加量通过自行设计的实验确定，可采用梯度添加法，一般添加量为 0.02～0.05 g/L，计量的果胶酶用 10 倍的水溶解后加入。控温 15℃澄清 8～12 h，分离后的清汁装入发酵瓶。果胶酶澄清步骤可以和 $SO_2$ 处理结合进行。

(6) 葡萄汁调整成分：检测葡萄汁的糖度和酸度，如果果汁中含酸和糖不足，需要补加蔗糖和酒石酸，补加量按差额计算。计算依据为干白葡萄酒发酵酒度 12～13 度，每 17 g 糖产生 1 度酒。

(7) 活性干酵母复水活化：用 10 倍的水和葡萄汁混合液按 1∶1 比例溶解酵母，保持温度为 38～40℃。搅拌均匀后静置 20 min，再加入 10 倍的果汁，搅拌均匀，静置 20 min 后加入发酵瓶。酵母添加量为 0.1～0.2 g/L。

(8) 发酵：将果胶酶和 $SO_2$ 澄清，并将调整成分后的葡萄汁加入洁净的发酵瓶中，充满系数为 80%，以防止发酵时产生的泡沫溢出而造成损失。瓶口上有带发酵栓的橡皮塞，便于排出发酵时产生的二氧化碳，同时防止外部杂菌进入发酵瓶。接入活化后的酵母进行发酵。起始发酵温度为 22℃，进入发酵中期后控制温度在 18℃，发酵结束时为 15℃以下。发酵过程中每天测定发酵温度和残糖，测量前应把温度计用 70%乙醇擦洗，取样管经干热灭菌，防止染菌。取样和测温均应在发酵液液位中部，填写记录并作发酵曲线图。当发酵液残糖≤4 g/L 时，发酵结束。如果葡萄汁的糖含量不足，经过计算需要加入的蔗糖要在发酵旺盛时分次添加。

(9) 封瓶：主发酵基本结束后，加入 40～50 mg/L $SO_2$，封闭发酵栓进行静置，后发酵 7～10 天后分离酒脚。具体操作为：把乳胶管浸入酒液中，用虹吸法吸取澄清酒液，移入另一个干净、经消毒、无异味的大试剂瓶中，注意勿搅动酒脚。

(10) 储存：澄清后的白葡萄酒原酒经品尝、鉴定后，加满封瓶进行储存进入陈酿阶段，约半年后进行调配和稳定性处理。

(11) 下胶、澄清、过滤：下胶材料使用皂土，需用小型实验确定皂土的用量（一般情况下，红葡萄酒用量为 0.3～0.4 g/L，白葡萄酒用量为 0.3～0.8 g/L）。按酒体积计算出皂土的用量，将皂土溶于 10～15 倍的冷水中，在溶胀过程中不断搅拌，完全溶解后停止搅拌，静置过夜。第二天使用前再搅拌 15 min 即可，将皂土浆徐徐地加入酒中，边加边摇晃酒液，使之充分混合，然后静置 7～10 天，待酒澄清后用虹吸分离沉淀物，并采用滤纸加过滤棉或白色丝绒布袋过滤。也可用新鲜的鸡蛋清作为下胶材料，用量需经过小型实验确定。

(12) 原酒理化指标检测、品尝鉴定：酿成的原酒清澈透明，具有新鲜果香，滋味润口，酒体协调。其理化指标为：酒精度 12%～13%（体积分数），还原糖≤4 g/L，总酸 6.5～7.5 g/L，游离 $SO_2$ 30～40 mg/L，总 $SO_2$≤150 mg/L，热稳定性实验合格。

## (二)酿制干红葡萄酒工艺

### 1. 酿制干红葡萄酒工艺流程(图 2)

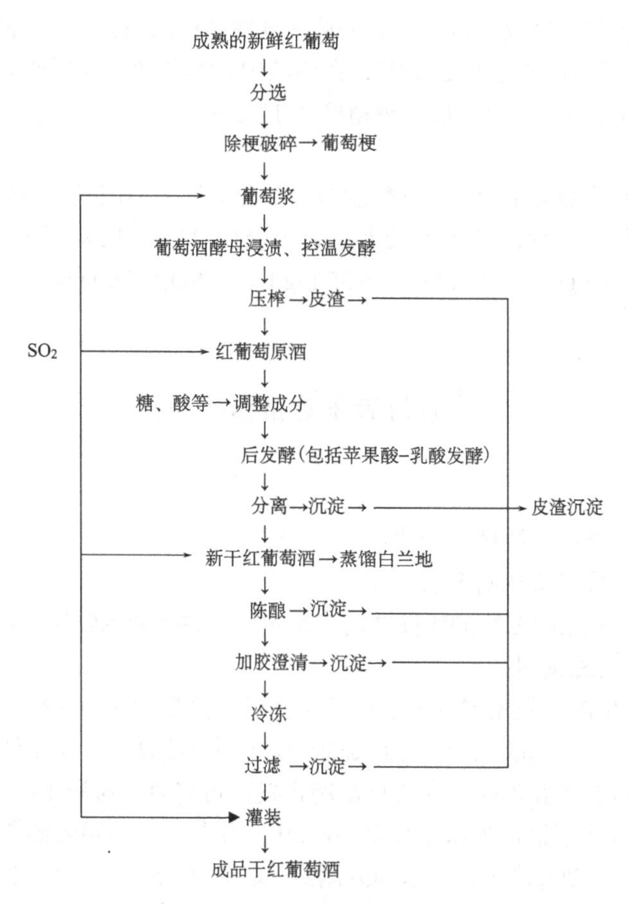


图 2　酿制干红葡萄酒工艺流程

### 2. 酿制干红葡萄酒的实验步骤

干红葡萄酒的酿造工艺与干白葡萄酒的酿造工艺相似，主要不同的是：葡萄破碎后不压榨，将皮肉与汁混合发酵(即带皮发酵)，以浸提果皮中的色素；酿造过程中需要增加苹果酸-乳酸发酵，以降低葡萄酒的酸度。不同的操作如下。

(1)浸渍、酒精发酵：①接种酵母时一定要使酵母液均匀分布在葡萄浆中。每静置 12～24 h 后需用干净的玻璃棒搅拌 2～3 次，酵母加量同白葡萄酒。②注意发酵瓶的密闭、保压。③发酵温度控制在 25～30℃，使葡萄皮上的色素充分溶出。每天测量发酵温度和残糖(相对密度)，绘制发酵曲线，并特别注意色度的变化。

(2)压榨分离皮渣：主发酵结束后，先用虹吸法将果汁分离，然后将葡萄皮渣装入葡萄压榨机或白布袋中用手或木棒挤压榨取汁液，分别得到自流酒和压榨酒。将两者合并到经洗净并消毒的储酒容器中进行后发酵，但不得超过容量的95%，测定其总酸。如果发酵前葡萄浆的糖度不够，可在此时加入经过计算的糖，在后发酵过程中转化成酒。压榨后的皮渣可蒸馏制取白兰地。

(3) 苹果酸-乳酸发酵：酒精发酵并经分离后的自流酒和压榨酒温度保持在(23±1)℃，以便诱发苹果酸-乳酸发酵或直接加入乳酸菌。乳酸菌的用量是1～2 mg/L。苹果酸发酵的条件：苹果酸发酵的最佳温度是25℃；在酒液中$SO_2$的含量越低越好，总$SO_2$含量≤40 mg/L；最佳pH在3.3～3.4；最佳酒精度在12%～14%(体积分数)。当总酸大约下降1/3后停止发酵。

(4) 红葡萄酒原酒品尝鉴定：经发酵后的干红葡萄酒原酒应具有酒香和果香、酒体丰满、醇厚、单宁感强等特点。其理化指标为：酒精度11%～12%(体积分数)，还原糖≤4.0 g/L，总酸6.0～6.5 g/L，游离$SO_2$ 25～35 mg/L，总$SO_2$≤200 mg/L，挥发酸≤0.8 g/L，热稳定性实验合格。

## (三) 葡萄酒质量指标的分析

1. 检测方法

(1) 可溶性固形物：手持糖度计法。

(2) 糖度测定：采用费林滴定法。

(3) 酸度测定：0.1 mol/L NaOH标准溶液滴定。当酒体颜色较浅时用酚酞试剂，当酒体颜色较深时选用石蕊试剂。

(4) 酒精含量测定：(发酵结束检测酒精度)用量筒量取100 mL除气葡萄酒，然后将其和50 mL蒸馏水一起放入500 mL烧瓶中，装上蒸馏装置，冷凝器下端用100 mL容量瓶接受蒸馏液(若室温较高，为防止酒精挥发，可将容量瓶浸于冷水中)。当蒸馏液接近100 mL时，停止蒸馏，加水定容至100 mL，摇匀。用酒精表测量酒精度。

(5) 游离$SO_2$、总$SO_2$测定：①总$SO_2$测定。取酒样25 mL，加入250 mL碘量瓶中，加入10 mL水稀释，再加入0.1 mol/L NaOH 10 mL，加塞，摇匀，反应10 min，添加1/3浓度的硫酸3～5 mL、2～3滴2%可溶性淀粉指示剂，立即用4 g/L(此浓度的碘液1 mL相当于$SO_2$ 1 mL)的碘液滴定。②游离$SO_2$测定。在反应瓶中加入25 mL酒样，加入20 mL水稀释，添加1/3浓度的硫酸3～5 mL、2～3滴2%可溶性淀粉指示剂，立即用4 g/L的碘液滴定。

(6) 热稳定性实验：取200 mL酒样，升温到55℃，恒温3天，无浑浊或絮状沉淀为合格。

2. 计算公式

(1) 补加糖量的计算：

$$\rho_m = \frac{V \times 1000(\omega \times 1.7 - \omega_b)}{1000 - \omega \times 1.7 \times 0.625}$$

式中，$\rho_m$为加糖量，g/L；$V$为葡萄汁体积，L；$\omega$为需要达到的酒精含量，%(体积分数)；

$\omega_b$为葡萄汁的含糖量，%；0.625为1 g糖溶解后的体积，mL；1.7为产生1 mL酒精所需糖量。

(2)补加酸量的计算：

$$W=(A-B)\times V$$

式中，$W$为加酒石酸的量，g；$A$为需要达到的酸度，g/L；$B$为葡萄汁的酸度，g/L；$V$为葡萄汁体积，L。

## 五、注意事项

可选择不同的皮渣浸渍方式和浸渍时间、$SO_2$用量、果胶酶品种和用量及作用条件。此外，酵母菌品种和接种量、发酵温度等因素对葡萄酒成品指标和产品类型也有影响。

## 六、思考题

(1)整理干白葡萄酒发酵实验过程中，每天测量发酵温度和相对密度(残糖)的结果，作发酵曲线图，并讨论发酵是否正常。分析不正常的可能原因有哪些。

(2)整理干红葡萄酒发酵实验过程中，每天测量发酵温度和相对密度(残糖)的结果，作发酵曲线图，并讨论发酵是否正常。分析不正常的可能原因有哪些。

(3)品尝与分析检测酿制的干白、干红葡萄酒的品质和主要理化指标。

*知识拓展：浓香型白酒的酿造

# 第三节　有机酸发酵工艺实验

## 实验六十　柠檬酸的发酵

扫一扫，看视频

### 一、目的要求

(1)了解利用黑曲霉生产柠檬酸的原理与流程，掌握柠檬酸的发酵生产工艺与发酵分析方法；

(2)通过本实验的训练能较熟练地掌握真菌发酵的接种、培养与发酵产物的分析测定等技术。

### 二、实验原理

(1)柠檬酸分子式：$C_6H_8O_7$；柠檬酸结构式：

```
          H2C——COOH
           |
HO——C——COOH
           |
          H2C——COOH
```

(2)黑曲霉是发酵柠檬酸的主要菌种，其体内存在糖酵解途径(EMP)、磷酸戊糖途径(HMP)、三羧酸循环(TCA)和乙醛酸等循环系统酶系。黑曲霉利用糖类生物合成柠檬酸的途径如下：黑曲霉利用α-淀粉酶、糖化酶将薯干粉等物质中的淀粉转化为葡萄糖，葡萄糖经 EMP 或 HMP 降解形成丙酮酸，丙酮酸一方面氧化脱羧生成乙酰辅酶 A，另一方面羧化为草酰乙酸，草酰乙酸与乙酰辅酶 A 生成柠檬酸。黑曲霉耐酸力强，pH=1.6～1.7 时尚能生长，且酸度大时产生的葡萄糖酸、草酸等副产物较少，故进行柠檬酸发酵时，培养液以 pH=2～3 为宜。

用于柠檬酸生产的原料有淀粉、废糖蜜等；本实验以糖等为发酵原料，黑曲霉为产生菌(合成途径见图 1)。一般发酵中，均产生多种酸，其中，低碳链的直链脂肪酸如甲酸、乙酸等称为挥发酸，而乳酸、柠檬酸等称为非挥发酸。挥发酸和非挥发酸的总和称为总酸。酸的测定方法常采用中和法、电位滴定法及比色法等；若待测液色泽很深，可采用外指示剂法。本试验中柠檬酸的定性检验用 Deniges 试剂。

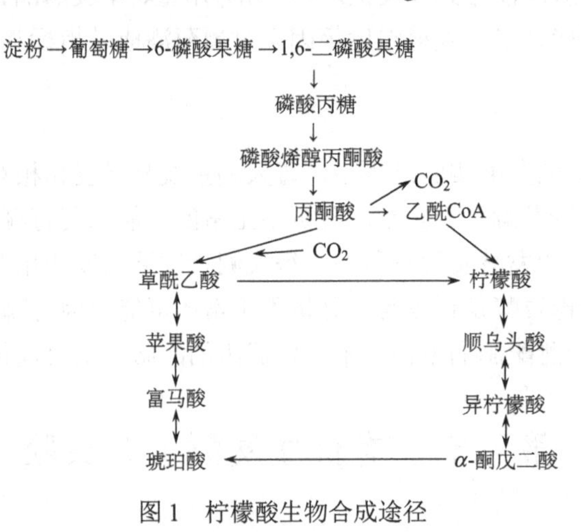


图 1　柠檬酸生物合成途径

$$2C_6H_{12}O_6+3O_2 \longrightarrow 2C_6H_8O_7+4H_2O$$

$$HOOCCH_2C(OH)(COOH)CH_2COOH+3NaOH \longrightarrow$$
$$NaOOCCH_2C(OH)(COONa)CH_2COONa+3H_2O$$

## 三、实验材料和仪器

### 1. 实验材料

(1) 菌种：黑曲霉斜面菌种。

(2) 培养基：

①斜面菌种培养(察氏琼脂培养基)：将 $NaNO_3$ 3 g、蔗糖 20 g、$K_2HPO_4$ 1 g、KCl 0.5 g、$MgSO_4·7H_2O$ 0.5 g、$FeSO_4$ 0.01 g、琼脂 20 g 用水定容至 1000 mL，pH 自然。

②柠檬酸发酵培养基：硫酸铵 2.0 g、$KH_2PO_4$ 1.0 g、$MgSO_4·7H_2O$ 0.25 g、蔗糖 150 g、水 1000 mL；pH 控制在 5.5～6.5，加 1 mol/L NaOH 约 2 滴。取 50 mL 培养液，加入 250 mL 三角瓶中，包扎灭菌，待用。

(3) 试剂：0.1 mol/L 标准 NaOH、0.1 mol/L $H_2SO_4$、酚酞指示剂、20 g/L $KMnO_4$ 溶液、Deniges 试剂(HgO 1 g 溶于 20 mL 0.2 mol/L $H_2SO_4$ 中)(有毒性，谨慎使用)。

2. 实验仪器

酒精灯、滤纸、漏斗、烧杯(200 mL、500 mL)、18 mm×180 mm 试管、吸管(10 mL、5 mL)、150 mL 三角瓶、碱式滴定管、铁架台、蝴蝶夹、200 mL 量筒、广范 pH 试纸、玻璃棒、10 L 发酵罐、布氏漏斗、抽滤纸、滴管、天平、接种环。

## 四、实验内容

### (一)摇瓶发酵步骤

1. 菌种活化

对于已长久保存的菌种，需经斜面培养基活化培养一次，即取保存的黑曲霉斜面菌种，移至斜面培养基，经 28～30℃斜面培养至孢子长好，作为活化后的种子。

2. 种子液的制备

取活化好的斜面菌种，无菌操作，取 5 mL 无菌水至黑曲霉斜面，用接种环轻轻刮下孢子，轻轻振荡制成孢子悬浮液。

3. 发酵

无菌操作，取柠檬酸发酵培养基(液)3 瓶，吸取 3 mL 孢子悬浮液接种于柠檬酸发酵培养基中。摇床转速 250 r/min，28～30℃摇床培养 5～7 天，另取 1 瓶不接种留作对照。观察发酵过程中 pH 的变化并记录(注意：pH=3 左右是积累柠檬酸的最佳时期)。

4. 发酵液预处理

取 3 瓶发酵培养基过滤得到的发酵液，菌丝用蒸馏水略加洗涤后弃去。

5. 发酵产物的检验与分析

定性检验：各取过滤液和对照液约 5 mL，放入试管内，加 Deniges 试剂 1 mL，在酒精灯上缓缓加热至沸。逐滴加入 20 g/L $KMnO_4$ 溶液，若有柠檬酸存在，则出现白色沉淀。

6. 柠檬酸含量的初步测定

酸度滴定法：将过滤液充分摇匀，用吸管吸取 10 mL 放入 150 mL 三角瓶中，加 2 滴酚酞指示剂，用 0.1 mol/L NaOH 滴定酸度。对照也按相同方法滴定。两者消耗 NaOH 毫升数的差额乘以 0.64，即得柠檬酸(g/L)的大约数。

计算公式：

$$c_{柠檬酸}=\frac{c_{NaOH}\times(V_{滴定发酵液}-V_{滴定对照})\times10^{-3}}{3\times10\times10^{-3}}\times192$$

式中，$c_{柠檬酸}$ 为柠檬酸的浓度，g/L；$c_{NaOH}$ 为 NaOH 标准溶液的浓度，mol/L；$V_{滴定发酵液}$ 为滴定发酵液所用的 0.1 mol/L NaOH 标准溶液的体积，mL；$V_{滴定对照}$ 为滴定对照所用的 0.1 mol/L NaOH 标准溶液的体积，mL。

### (二)发酵罐发酵步骤

1. 菌种活化

同上。

2. 种子液的制备

配制发酵培养基，取 50 mL 加入 250 mL 三角瓶中，包扎灭菌，移接斜面培养基，28～30℃摇床培养 24 h 左右，得到的培养物作为发酵用的种子；可取培养液稀释后在显微镜下计数，当黑曲霉菌丝球浓度达到 $6.0\times10^5$～$1\times10^6$ 个/mL 即可，合格的菌丝球应为致密的，菌丝短且粗，分支少，瘤状。

3. 发酵培养

将配制好的培养基 6 L 加入 10 L 发酵罐中，蒸汽实罐灭菌后降温至 30℃，火焰法接入菌种，接种量为 10%，400 r/min 恒温 30℃通空气发酵，罐压保持在 0.1 MPa，通风量控制在 400～800 L/h，当发酵酸度不再上升时，3～5 天后即可放罐。接种后每隔 12 h 或 24 h 取发酵液一次，测定发酵液中残糖、菌体浓度、酸度、pH 等指标。

各项指标测定方法：

(1)残糖测定(以葡萄糖计)：DNS 法测定。

(2)菌体浓度测定：比浊法测定。

(3)酸度测定：采用上述酸度滴定法的步骤测定。

(4)pH 测定：发酵罐电极直接测定。

(5)柠檬酸发酵实验过程记录。

## 五、实验结果

(1)记录发酵过程各指标的变化情况(表 1)并进行结果分析(变化曲线)。

**表 1　发配过程各指标变化情况**

| | 发酵时间/h | | | | | |
|---|---|---|---|---|---|---|
| | 12 | 24 | 36 | 48 | 60 | … |
| 菌体浓度/(g/L) | | | | | | |
| 残糖/(g/L) | | | | | | |
| pH | | | | | | |
| 柠檬酸产量/(g/L) | | | | | | |

(2)柠檬酸定性、定量测定结果与分析，并对菌种产酸能力等进行评定。

## 六、思考题

影响黑曲霉发酵生产柠檬酸的因素有哪些？

# 实验六十一　L-乳酸的发酵

## 一、实验目的

(1)学习掌握利用发酵法生产L-乳酸的原理和工艺操作；
(2)熟练掌握5 L发酵罐的结构和使用方法；
(3)掌握L-乳酸、残糖和菌体浓度的测定方法。

## 二、实验原理

乳酸分子式为$CH_3CH(OH)COOH$，分子量为90.08，因为乳酸分子内含有一个不对称的C原子，所以具有L-型和D-型两种构型(图1)。L-乳酸为右旋，D-乳酸是左旋，当L(+)-乳酸和D(–)-乳酸等比例混合时，即成为消旋的DL-乳酸。

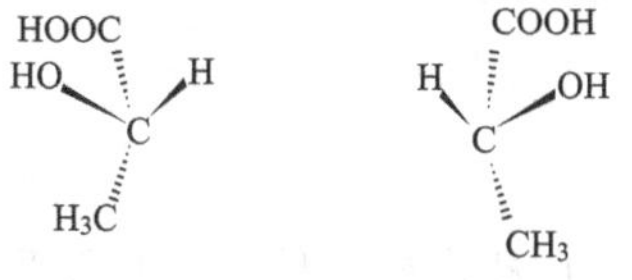

L-乳酸　　D-乳酸

图1　L-乳酸和D-乳酸结构式

乳酸的生产有三种方法：化学合成法、酶法和微生物发酵法。微生物发酵法制备乳酸是以淀粉、葡萄糖等糖类或牛乳为原料，接种微生物经发酵而生成乳酸。乳酸发酵机理主要有：①同型乳酸发酵；②异型乳酸发酵；③双歧杆菌发酵。

本实验用菌为嗜热乳酸杆菌(T-1)，发酵方式为同型乳酸发酵。发酵机理如下：

葡萄糖经EMP降解为丙酮酸，丙酮酸在乳酸脱氢酶的催化下还原为乳酸。发酵方式如下：

$$\text{葡萄糖}\xrightarrow[\text{2(ADP+Pi)}]{\text{EMP途径}}\text{2 丙酮酸}\xrightarrow[\text{NADH+H}]{\text{乳酸脱氢酶}}\text{2 乳酸}$$

经过这种途径，1 mol葡萄糖可以生成2 mol乳酸，理论转化率为100%。但由于发酵过程中微生物存在其他生理活动，实际转化率不可能达到100%。一般认为，转化率在80%以上者，即是同型乳酸发酵。工业上较好的转化率可达96%。

## 三、实验材料和仪器

### 1. 实验材料

(1)菌种：嗜热乳酸杆菌(T-1)。

(2) 培养基：

①种子培养基：葡萄糖 30 g/L，酵母膏 5 g/L，蛋白胨 5 g/L，$CaCO_3$ 10 g/L。

②发酵培养基：葡萄糖 100 g/L，酵母膏 5 g/L，蛋白胨 5 g/L，大豆浓缩蛋白 3 g/L。

(3) 试剂：3, 5-二硝基水杨酸、丙三醇、葡萄糖、EDTA-2Na、钙羧酸、氯化钠，以上试剂均为分析纯。8 mol/L NaOH 溶液、2 mol/L NaOH 溶液、0.2 mol/L 盐酸。

2. 实验仪器

全自动式 5 L 发酵罐、手提式高压蒸汽灭菌锅、752 型紫外-可见光分光光度计、生化培养箱、电热鼓风干燥机、分析天平、超净工作台、台式高速离心机、SBA-40C 型生物传感分析仪、恒温振荡器、蒸汽发生器，其他：量桶、烧杯、离心管、移液管、酒精灯、接种环、pH 试纸、玻璃棒等。

## 四、实验内容

1. 种子培养

取新鲜斜面菌种一环，接入种子培养基中，于转速 150 r/min 摇床中，50℃培养 16～18 h。

2. 5 L 发酵罐发酵

(1) 空消：空罐灭菌。

(2) 实消：将发酵培养基 1.7 L 从进样口倒入 5 L 发酵罐中，盖上盖子。检查发酵罐安装完好后，盖上灭菌罩，121℃灭菌 15 min。

(3) 校正：校正 pH 电极、溶解氧电极(校正方法参考 5 L 发酵罐使用说明书)。

(4) 接种与发酵：在接种圈的火焰保护下，将种子培养液 85 mL(按 5%比例)倒入发酵罐中，控制发酵温度为 50℃，pH 为 6.0。溶解氧：0～20 h 通风 60 L/h，发酵罐搅拌 100 r/min，20～72 h 停止通风和搅拌。以 8 mol/L NaOH 为中和剂。

(5) 测量：每隔 4 h 取样，测菌体浓度、葡萄糖和 L-乳酸浓度。

注意事项：

(1) 使用 SBA-40C 型生物传感分析仪要严格按照使用说明进行，进样针使用完毕后要用蒸馏水清洗，以防进样针堵塞。

(2) 使用蒸汽发生器灭菌时注意蒸汽发生器压力不要太高，以免发生危险。

## 五、分析方法

1. 葡萄糖和 L-乳酸的测定

1) SBA-40C 型生物传感分析仪测定法

首先将发酵液离心，吸取上清液，稀释 250 倍，按照说明书进样测定。

2) DNS 法测定发酵液中残糖含量

(1) DNS 试剂的配制：称取 6.5 g 3, 5-二硝基水杨酸(DNS)于 1000 mL 容量瓶中，用水溶解，加入 325 mL 2 mol/L NaOH，再加入 45 g 丙三醇，定容至 1000 mL，储存于棕色瓶中保存。

(2) 还原糖标准曲线绘制：分别取 0.5 mg/mL、1.0 mg/mL、1.5 mg/mL、2.0 mg/mL、2.5 mg/mL 的葡萄糖标准液 1 mL，分别置于 25 mL 容量瓶中，加入 DNS 试剂 2 mL，置沸水浴中加热 2 min 进行显色，然后以流水迅速冷却，用去离子水定容至 25 mL，摇匀。以空白调零，在 540 nm 处测定吸光度，以还原糖浓度为横坐标、吸光度为纵坐标，绘制标准曲线。

(3) 参照 (2) 中与 DNS 试剂反应显色，测定 540 nm 处的吸光度。

取发酵液 1 mL(可适当稀释)置于 25 mL 容量瓶中，加入 DNS 试剂 2 mL，置沸水浴中加热 2 min 进行显色，然后用流水迅速冷却，用去离子水定容至 25 mL，摇匀。以空白调零，在 540 nm 处测定吸光度，根据标准曲线计算样品中的还原糖含量。

3) EDTA 法测定发酵液中乳酸的含量

(1) 溶液的配制。

0.05 mol/L EDTA 溶液：准确称取 18.612 g EDTA-2Na，加水溶解以后定容至 1000 mL。

钙指示剂：称取 1 g 钙羧酸和 100 g 105℃干燥过的氯化钠，使两者充分混合后保存在棕色瓶中备用。

(2) 实验方法。

取 1 mL 发酵液 ($V_1$) 加入盛有 100 mL 蒸馏水的三角瓶中，然后加入 10 mL 1 mol/L 的 NaOH 溶液与少量钙指示剂，用 0.05 mol/L EDTA 溶液滴定。溶液由紫红色变为纯蓝色即为滴定终点，消耗 EDTA 溶液的体积记为 $V_2$。

(3) 结果计算：

$$\text{L-乳酸的含量(g/L)}=(90.08\times0.05\times V_2)/V_1$$

式中，$V_1$ 为吸取的发酵液体积，通常为 1 mL；$V_2$ 为滴定到终点时消耗的 EDTA 溶液体积，mL。

### 2. 菌体浓度的测定

先将发酵液过滤后的菌丝体用 0.2 mol/L 盐酸充分洗涤，除掉过量的碳酸钙，再用蒸馏水洗涤 2～3 次，放置于 60～80℃干燥箱中烘干至质量不再变化后称量，并计算出菌体的干重 (g/L)。

## 六、实验结果

发酵培养时，按照一定的时间间隔取样测定并记录，结果如表 1。

**表 1**

| 时间/h | 葡萄糖浓度/(g/L) | 菌体浓度/(g/L) | L-乳酸浓度/(g/L) | 签名 |
|---|---|---|---|---|
| 0 | | | | |
| 4 | | | | |

续表

| 时间/h | 葡萄糖浓度/(g/L) | 菌体浓度/(g/L) | L-乳酸浓度/(g/L) | 签名 |
| --- | --- | --- | --- | --- |
| 8 | | | | |
| 12 | | | | |
| 16 | | | | |
| 20 | | | | |
| 24 | | | | |
| 28 | | | | |
| 32 | | | | |
| 36 | | | | |

(1)按照表1给出的相应数据，以时间为横坐标、表中数据为纵坐标，绘制发酵曲线图，分析各量的变化规律。

(2)糖酸转化率(%)：计算生成L-乳酸的克数与消耗葡萄糖克数之比的百分数。

## 七、思考题

发酵曲线图中各参数曲线变化的原因是什么？

# 第四节　氨基酸的发酵工艺实验

## 实验六十二　谷氨酸的发酵

### 一、实验目的

谷氨酸是最先成功利用微生物发酵法生产的氨基酸。谷氨酸发酵是典型的代谢调控发酵，其代谢途径已被研究得比较清楚。了解谷氨酸的发酵机制，掌握其发酵工艺，将有利于对代谢调控和其他有氧发酵的理解，也有助于对生物化学、微生物学理论知识的理解和融会贯通。通过本实验主要掌握有氧发酵的一般工艺，熟练掌握机械搅拌罐的使用。

### 二、实验原理

谷氨酸是由谷氨酸棒杆菌以葡萄糖为原料生产的一种呈味氨基酸，其代谢机理为葡萄糖先经EMP途径生成丙酮酸，丙酮酸经氧化脱氨基作用生成乙酰辅酶A，乙酰辅酶A进入三羧酸循环生成$\alpha$-酮戊二酸，$\alpha$-酮戊二酸再经氨基化作用生成谷氨酸。

### 三、实验材料和仪器

1. 实验材料

(1)菌种：谷氨酸棒杆菌。

(2)试剂：牛肉膏、蛋白胨、蔗糖、琼脂、可溶性淀粉、酵母提取液、葡萄糖、尿素、糖蜜，以上试剂为生化纯；氯化钠、硝酸钾、消泡剂、五水硫酸铜、亚甲基蓝、酒石酸钾钠、氢氧化钠、亚铁氰化钾、盐酸、L-谷氨酸、茚三酮、丙酮、无水乙醇、硫酸镁、磷酸氢二钾、氢氧化钾、硫酸亚铁、硫酸锰，以上试剂为分析纯；去离子水等。

2. 实验仪器

5 L 发酵罐及控制系统、蒸汽发生器(1 套)、电炉、分光光度计、螺杆式空压机、蠕动泵、水环式真空泵、超净工作台、生化培养箱、旋转式蒸发器、恒温摇床、冰箱等。

## 四、实验内容

1. 斜面种子的制备

培养基配方：葡萄糖 1 g/L，蛋白胨 10 g/L，牛肉膏 10 g/L，氯化钠 5 g/L，琼脂 20 g/L，pH=7.0。

按配方要求配制好培养基，加热，将融化的培养基分装到洗净晾干的试管中，装量约为 1/5，塞好棉塞，0.1 MPa 灭菌 30 min，冷却到 45℃制成斜面。将制好的斜面在 37℃恒温箱中空培 24 h，确认无菌后备用。将谷氨酸棒杆菌原种划线接种到新制斜面上，32℃培养 24 h，观察斜面生长情况，将制好的斜面放置于冰箱冷藏。

2. 种子液制备

由于本实验中发酵规模较小，因此种子液可以用三角瓶进行液体振荡培养。

培养基配方：葡萄糖 1 g/L，蛋白胨 10 g/L，牛肉膏 10 g/L，氯化钠 5 g/L，琼脂 20 g/L，pH=7.0。

斜面菌种接种 100 mL 种子培养基后置于控温摇床，200 r/min 振荡培养 12 h，温度为 32℃。

3. 发酵培养基的制备及灭菌

配制好 3.5 L 发酵培养基。配方：葡萄糖 13%、硫酸镁 0.06%、磷酸氢二钾 0.1%、氢氧化钾 0.04%、糖蜜 0.3%、硫酸亚铁及硫酸锰各 0.0002%、消泡剂 0.01%。配制 400 mL 40%尿素置于 500 mL 三角瓶中备用，需灭菌。

4. 接种

清洗好发酵罐，对发酵罐进行空消，加入 3.5 L 发酵培养基，对发酵罐进行实消(115℃，30 min)，当发酵液冷却至 40℃左右时，通过蠕动泵第一次加尿素，添加量为 0.6%～1.0%，在接种槽中加好酒精并点燃，把种子培养基从接种口倒进发酵罐中进行发酵。

5. 发酵过程控制

(1)温度：谷氨酸发酵 0～12 h 为菌体生长期，最适温度为 30～32℃；发酵 12 h 后进入产酸期，温度控制在34～36℃。由于发酵代谢活跃，应注意发酵罐的冷却，防止温度过高引起发酵迟缓。

(2) pH：发酵过程中酸的累积导致pH下降，而尿素的流加导致pH上升，当pH降到7时，需及时流加氮源。一般菌体生长期(0～12 h) pH≤8.2，而产酸期pH在7.1～7.2。

(3) 通风量的大小调节到通气比为1∶0.16～0.17。

(4) 放罐：达到放罐标准后应及时放罐。放罐标准：残糖在1%以下且消耗缓慢(<0.15%/h)或残糖<0.5%。

6. 发酵液中还原糖测定

采用费林试剂测定发酵液中还原糖的含量。

(1) 费林试剂：

①甲液：五水硫酸铜3.5 g，亚甲基蓝0.005 g，用水溶解并稀释至100 mL。

②乙液：酒石酸钾钠11.7 g，氢氧化钠12.64 g，亚铁氰化钾0.94 g，用水溶解并稀释至100 mL。

③0.1%标准葡萄糖溶液：取葡萄糖1 g，用少量水溶解，转至1000 mL容量瓶中，加入5 mL盐酸，用水稀释定容至1000 mL，摇匀。

(2) 费林试剂的标定：甲、乙液各5 mL，置于100 mL锥形瓶中，加水10 mL，从滴定管中预先加入约20 mL 0.1%标准葡萄糖溶液，摇匀。于电炉上加热至沸腾，在沸腾的状态下以每秒一滴的速度加入0.1%标准葡萄糖溶液，至蓝色刚好消失为终点。记录前后总共消耗的标准葡萄糖溶液的总体积。用相同方法平行操作3次，取接近两次体积的平均值为$V_0$。

(3) 还原糖的滴定：甲、乙液各5 mL，置于100 mL锥形瓶中，加入0.1 mL($V_1$)发酵液，摇匀后于电炉上加热至沸腾，在沸腾状态下以每秒一滴的速度加入0.1%标准葡萄糖溶液，至蓝色刚好消失为终点。记录消耗的标准葡萄糖溶液的总体积$V_2$。

计算公式：

$$\text{还原糖(以葡萄糖计 g/100 mL)}=(V_0-V_2)\times c\times 1/V_1\times 100$$

式中，$c$为标准葡萄糖溶液浓度，mg/mL。

7. 谷氨酸标准曲线的绘制

(1) 标准样品的制备(L-谷氨酸纯品梯度稀释溶液)：分别称取0.5～5.0 g L-谷氨酸(A.R.)，按照0.5 g数量递增，取10个样品，并分别溶解到100 mL蒸馏水中，调节pH=5.5～6。

(2) 茚三酮试剂的制备：称取0.5 g茚三酮溶于100 mL丙酮。

(3) pH调节试剂的制备：2 mol/L氢氧化钠溶液。

(4) 标准溶液吸光度$A_{569}$值的测定：取20支试管，分别加入3 mL配制好的(0.5～5) g/100 mL(浓度梯度分别为0.5 g/100 mL、1.0 g/100 mL、1.5 g/100 mL、2.0 g/100 mL、2.5 g/100 mL、3.0 g/100 mL、3.5 g/100 mL、4.0 g/100 mL、4.5 g/100 mL、5.0 g/100 mL，各两管)

的L-谷氨酸纯品溶液，每支试管分别沿试管壁加入茚三酮试剂0.5 mL，摇匀，迅速置于80℃水浴，3 min后，冰浴3 min，将分光光度计波长调至569 nm处，以蒸馏水为空白对照，用1 cm玻璃比色皿比色，测出$A_{569}$值。以$A_{569}$值为纵坐标，L-谷氨酸浓度为横坐标，绘制标准曲线。

(5)发酵液谷氨酸含量测定：谷氨酸发酵液10000 r/min离心5 min，取上清液，用蒸馏水稀释100倍，调节pH至5.5～6；取3 mL预处理好的发酵液加入15 mm×150 mm试管，调整pH=5.5左右，沿试管壁加入0.5 mL茚三酮试剂，混匀，迅速置于80℃水浴，3 min后，冰浴3 min；将分光光度计波长调至569 nm处，以100倍稀释的空白发酵培养基为空白对照，用1 cm玻璃比色皿比色，测出$A_{569}$值。从标准曲线上查出相应L-谷氨酸浓度。

谷氨酸和还原糖的测定也可采用SBA-40C型生物传感分析仪进行测定。

8. 菌体浓度的测定

发酵液经10000 r/min高速离心后，弃上清液，将菌体悬浮于10 mL蒸馏水中，用分光光度计测定$A_{569}$值。

## 五、实验结果

测定不同发酵时间发酵液温度、pH、溶解氧等指标并填入表1。

**表1　谷氨酸发酵实验记录表**

| | 0 h | 4 h | 8 h | 12 h | 14 h | 16 h | 18 h | 20 h | 22 h | … |
|---|---|---|---|---|---|---|---|---|---|---|
| 温度/℃ | | | | | | | | | | |
| pH | | | | | | | | | | |
| DO(溶解氧)值/(mmol/L) | | | | | | | | | | |
| 通风量/($m^3$/min) | | | | | | | | | | |
| $A_{569}$ | | | | | | | | | | |
| 还原糖含量/(g/L) | | | | | | | | | | |
| 谷氨酸含量/(g/L) | | | | | | | | | | |
| 签名 | | | | | | | | | | |

(1)按照表1给出的相应数据，以时间为横坐标，表中$A_{569}$、还原糖含量、谷氨酸含量数据为纵坐标，绘制发酵曲线图，分析各量的变化规律。

(2)糖酸转化率(%)：计算生成谷氨酸的克数与消耗葡萄糖克数之比的百分数。

# 实验六十三　赖氨酸的发酵

## 一、实验目的

(1)了解赖氨酸发酵常用的发酵菌种；

(2) 掌握L-赖氨酸发酵的工艺控制过程和方法；

(3) 能熟练运用发酵过程的基本原理，根据实验的不同要求，正确地设计实验方案，并按照实验方案进行研究。

## 二、实验原理

赖氨酸的生产方法有水解法(已淘汰)、合成法、酶法和直接发酵法。直接发酵法合成的赖氨酸是一种次级代谢产物。微生物合成赖氨酸是诱导物的诱导调节、自身产物的反馈调节、自身产物的分解调节以及细胞膜透性的调节等次级代谢调节综合作用的结果。谷氨酸棒杆菌合成赖氨酸的自身产物调节作用如图1所示。

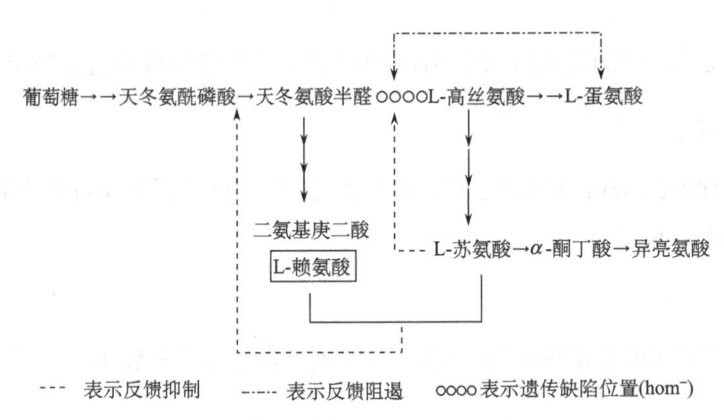


图1 谷氨酸棒杆菌合成赖氨酸的自身产物调节作用

## 三、实验材料和仪器

### 1. 实验材料

(1) 菌种：谷氨酸棒杆菌。

(2) 培养基：

①斜面培养基：牛肉膏1.1%，蛋白胨1.0%，葡萄糖0.5%，NaCl 0.5%，琼脂0.2%，pH=7.0，在0.1 MPa压力下灭菌20 min。

②种子培养基：糖蜜2.0%，豆饼水解液0.5%，$(NH_4)_2SO_4$ 0.4%，$CaCO_3$ 0.5%，$K_2HPO_4$ 0.1%，$MgSO_4$ 0.04%，pH=7.0。于250 mL三角瓶内装25 mL种子培养基，在0.1 MPa压力下灭菌20 min。

③发酵培养基：糖蜜20%，豆饼水解液1.0%，玉米浆(氮源)0.6%，$(NH_4)_2SO_4$ 2%，$K_2HPO_4$ 0.1%，$MgSO_4$ 0.05%，$FeSO_4$ 0.2%，$MnSO_4$ 0.2%，pH=7.0。于250 mL三角瓶装入25 mL发酵培养基，在0.1 MPa压力下灭菌20 min。

(3) 试剂：

牛肉膏、蛋白胨、葡萄糖、琼脂、糖蜜、豆饼水解液，以上试剂为生化纯。

氯化钠、硫酸铵、碳酸钙、磷酸氢二钾、硫酸镁、茚三酮、乙二醇甲醚、二水氯化铜、柠檬酸、赖氨酸标准品，以上试剂为分析纯。

2. 实验仪器

蒸汽灭菌锅、分析天平、分光光度计、水浴锅、恒温摇床、试管(18 mm×180 mm)。

## 四、实验内容

1. 分析方法

(1) 茚三酮试剂配制：

①A 液：茚三酮 1.25 g 溶于 94 mL 乙二醇甲醚中。

②B 液：$CuCl_2 \cdot 2H_2O$ 1.97 g 溶于 32 mL 0.1 mol/L 柠檬酸溶液中。

将 A、B 两液混合，用蒸馏水定容到 250 mL。

(2) 赖氨酸标准曲线的绘制：

准确称取赖氨酸标准品(预先在 100～105℃干燥恒重) 1.0000 g (精确至 0.0002 g)，用蒸馏水溶解后定容至 100 mL，用时分别移取 2 mL、3 mL、4 mL、5 mL、6 mL 于 100 mL 容量瓶中并定容，制成 0.2 mg/mL、0.3 mg/mL、0.4 mg/mL、0.5 mg/mL、0.6 mg/mL 的赖氨酸标准溶液。

分别吸取 0.2 mg/mL、0.3 mg/mL、0.4 mg/mL、0.5 mg/mL、0.6 mg/mL 的赖氨酸标准溶液 2 mL 于干净试管中，分别加入茚三酮试剂 4 mL 混合，在沸水浴中加热 20 min，冷却后分别测定 475 nm 处的吸光度，以赖氨酸浓度为横坐标、吸光度为纵坐标绘制标准曲线。

(3) 赖氨酸的测定：吸取发酵液 4 mL，6000 r/min 离心 10 min 去菌体及杂质。取上清液 2 mL，加茚三酮试剂 4 mL，混合，在沸水浴中加热 20 min，冷却后测定 475 nm 处的吸光度，通过查赖氨酸标准曲线得到发酵液中赖氨酸的浓度。

2. 实验步骤

(1) 将活化的斜面培养菌接种于种子培养基中，置于往复摇床上 30℃振荡培养 24 h，得到种子培养物。

(2) 将种子培养物调整为 $6\times10^7$ 个菌体/mL 的种子培养液。按 1∶10 的接种量将种子培养液接种于发酵培养基中，在(30±2)℃、pH=7.0～7.2 条件下发酵 72 h。

## 五、实验结果

(1) 绘制菌种生长及代谢产物形成与培养时间的特征曲线；

(2) 找出该菌株发酵生产赖氨酸的主要影响因素，确定调控措施和最佳发酵条件。

## 六、思考题

如何通过代谢调控途径实现对赖氨酸产物的积累？

# 第五节　多糖的发酵

## 实验六十四　姬松茸多糖的发酵

### 一、实验目的

(1) 掌握姬松茸多糖发酵的方法；

(2) 学会从菌丝体中提取分离多糖的原理和方法。

### 二、实验原理

将菌种在发酵罐内或者锥形瓶内培养，通过不断通气搅拌或者振荡，菌体在发酵设备中繁育，从而能够在短期内获得大量的菌丝体及次级代谢产物。姬松茸发酵菌丝体具有与子实体相似的营养成分、药理成分和功效，并且采用深层液体发酵具有周期短、成本低、可以大规模工业化生产等优势，因此是目前食药用真菌实现产业化的主要方式。

### 三、实验材料和仪器

1. 实验材料

(1) 菌株：姬松茸菌株。

(2) 培养基：

①斜面种子培养基：PDA 培养基。马铃薯 200 g，葡萄糖 20 g，琼脂 15～20 g，水 1000 mL，pH 自然，121℃灭菌 20 min。

②摇瓶种子培养基：马铃薯浸出液 20%，葡萄糖 2%，$KH_2PO_4$ 0.2%，$MgSO_4\cdot 7H_2O$ 0.1%，$VB_1$ 10 mg/100 mL，pH=5.0。

③发酵基础培养基：玉米粉 2.5%，酵母粉 0.3%，$KH_2PO_4$ 0.3%，$MgSO_4\cdot 7H_2O$ 0.2%，$VB_1$ 10 mg/100 mL，pH=5.0。

(3) 试剂：葡萄糖、酵母粉、玉米粉、$VB_1$、马铃薯、琼脂、95%乙醇、磷酸二氢钾、硫酸镁、苯酚、硫酸、胰蛋白酶、氢氧化钠、正丁醇、氯仿、丙酮、$H_2O_2$、乙醚。

2. 实验仪器

恒温摇床、离心机、紫外-可见光分光光度计、旋转蒸发仪、高压蒸汽灭菌锅、真空冷冻干燥机、发酵罐、冰箱、透析袋等。

### 四、实验内容

1. 母种制作

将保存在 4℃的斜面菌种接种于 PDA 培养基斜面的中心，25℃培养 10～15 天。

### 2. 液体菌种准备

取母种斜面菌丝体连同培养基接于带玻璃珠的摇瓶种子培养基中，25℃、150 r/min 摇床培养 5～7 天。

### 3. 发酵试验

(1)种子液的制备：将上述液体种子液按 10%的接种量转接至摇瓶种子培养基中，25℃、150 r/min 摇床培养 3～4 天。

(2)对发酵罐进行溶解氧零点校正、pH 电极校正。

(3)配制 5 L 发酵基础培养基并加至 7.5 L 发酵罐中，装入溶解氧电极、pH 电极及各种管道，罐体灭菌 30 min。

(4)灭菌结束后罐体放至发酵罐的底座上，迅速通入无菌空气，接上冷凝水，当罐内温度降至 45℃时，接上溶解氧、温度和 pH 电极的导线，装上搅拌电极，接通搅拌电源，搅拌转速为 300 r/min。装料系数为 0.7，接种量为 10%，培养温度为 28℃，pH 为 4.0～5.0，通气量为 1∶1，溶解氧控制在饱和度的 10%以上。在发酵过程中，每隔 6 h 取样，观察菌体形态，测定菌体浓度、多糖含量、糖浓度。

### 4. 提取多糖

(1)用抽滤方法将发酵液和菌丝体分离。

(2)菌丝体按料液比 1∶10 加入蒸馏水，90℃提取 3 h，抽滤取滤液，在旋转蒸发仪中浓缩。

(3)向浓缩液中加入 4 倍体积的 95%乙醇，玻璃棒搅拌使多糖充分沉淀。

(4)沉淀放置 4℃冰箱过夜。

(5)8000 r/min 离心 6 min。

(6)为除去掺杂的还原糖和小分子杂质，用 95%乙醇和无水丙酮反复冲洗沉淀。

(7)沉淀经冷冻干燥储存于干燥器中备用。

### 5. 除蛋白质

称取上述的姬松茸多糖粗制品 5.0 g 重新溶于 25.0 mL 蒸馏水中，加热至多糖完全溶解于蒸馏水中为止，再用 NaOH 或 $H_2SO_4$ 调节 pH 至 8.0。加入 0.5 g 胰蛋白酶，37℃保温 24 h 用来消化蛋白质。经胰蛋白酶处理过的粗制多糖溶液在 8000 r/min 下离心 10 min，再用 Sevage 方法继续除去上清液中的蛋白质(Sevage 方法操作均在 4℃下进行)，按上清液∶Sevage 试剂(氯仿∶正丁醇=4∶1)=4∶1 的比例加入预冷的 Sevage 试剂，在 4℃的摇床上剧烈振荡 30 min，在 8000 r/min 和 4℃下离心 10 min，混合液分三层，上层为多糖溶液，下层为 Sevage 试剂，中间层为变性蛋白质。收集上层多糖溶液，在旋转蒸发仪中浓缩除去溶液中的有机溶剂。

6. 脱色

除去蛋白质的姬松茸多糖溶液还含有一些色素，主要呈淡黄褐色。为了除去这些天然色素，姬松茸多糖溶液用 $H_2SO_4$ 调节 pH 至 7.0，再逐滴加入 25%(体积分数)的 $H_2O_2$，直至姬松茸多糖溶液由淡黄褐色转变为淡黄色为止，然后装入 10 kDa 的透析袋，在蒸馏水中透析 24 h，其间不断换水。在透析后的姬松茸多糖溶液中加入无水乙醇至有沉淀生成，再放置在 4℃下过夜，在 8000 r/min 和 4℃下离心 10 min，弃上清液，得到姬松茸多糖沉淀。沉淀物再用无水乙醇、丙酮、乙醚各洗涤一次，经过真空冷冻干燥得到脱色后的姬松茸多糖。

## 五、实验结果

记录发酵参数。

## 六、思考题

(1) 接种量的大小和转速对发酵有什么影响？

(2) 简述姬松茸多糖提取的步骤。

# 实验六十五　灵芝多糖的发酵

## 一、实验目的

(1) 掌握发酵法制备灵芝多糖的方法；

(2) 熟悉发酵液离心、处理的技术。

## 二、实验原理

灵芝，灵芝属，是一种药食两用真菌，在我国已有两千多年的药用历史。现代药学研究证明，灵芝的主要有效成分是灵芝多糖，其是灵芝菌在发酵过程中产生的次生代谢产物。大量的临床和药理分析表明，灵芝多糖对心血管疾病、糖尿病、慢性支气管炎、慢性肝炎、神经衰弱等疾病均有不同程度的疗效。

## 三、实验材料和仪器

1. 实验材料

(1) 菌种：灵芝菌种。

(2) 培养基：

①斜面种子培养基：PDA 培养基(同实验六十四)。

②摇瓶种子培养基：葡萄糖 15 g/L，蛋白胨 5 g/L，$MgSO_4 \cdot 7H_2O$ 0.5 g/L，$KH_2PO_4$ 1 g/L，酵母粉 2 g/L，pH=5.0。

③发酵培养基：麦芽糖 2.0%，酵母粉 2.0%，$ZnSO_4$ 0.015%，$VB_1$ 0.10%，$KH_2PO_4$ 0.2%，

$MgSO_4$ 0.05%，pH=6.0。

(3) 试剂：葡萄糖、蛋白胨、酵母粉、磷酸二氢钾、硫酸镁、琼脂粉、麦芽糖、$VB_1$、硫酸锌、95%乙醇、无水丙酮等。

2. 实验仪器

恒温摇床、离心机、紫外-可见光分光光度计、旋转蒸发仪、循环水真空泵、高压蒸汽灭菌锅、真空冷冻干燥机、发酵罐、冰箱等。

## 四、实验内容

1. 母种制作

将保存在4℃的斜面菌种接种于PDA培养基斜面的中心，28℃培养10～15天。

2. 液体菌种准备

取母种斜面菌丝体连同培养基接于摇瓶种子培养基中，28℃、150 r/min 摇床培养5～7天。

3. 发酵实验

(1) 种子液的制备：将上述液体种子液按10%的接种量转接至摇瓶种子培养基中，28℃、150 r/min 摇床培养3～4天。

(2) 对发酵罐进行溶解氧零点校正、pH电极校正。

(3) 配制5 L发酵培养基加至7.5 L发酵罐中，装入溶解氧电极、pH电极及各种管道，罐体置于灭菌锅中121℃灭菌30 min。

(4) 灭菌结束后罐体放至发酵罐的底座上，迅速通入无菌空气，接上冷凝水，当罐内温度降至45℃时，接上溶解氧、温度和pH电极的导线，装上搅拌电极，接通搅拌电源，搅拌转速为300 r/min。装料系数为0.7，接种量为10%，培养温度为28℃，pH为4.0～5.0，通气量为1∶1，溶解氧控制在饱和度的10%以上。在发酵过程中，每隔6 h取样，观察菌体形态，测定菌体浓度、多糖含量、糖浓度。

4. 提取多糖

(1) 用抽滤方法将发酵液和菌丝体分离。菌丝体经过干燥、粉碎、过筛后用蒸馏水在90℃下提取两次，合并提取液。

(2) 提取液真空浓缩至原来体积的1/5。

(3) 加入4倍体积的95%乙醇，玻璃棒搅拌使多糖充分沉淀。

(4) 沉淀放置于4℃冰箱过夜。

(5) 8000 r/min 离心6 min。

(6) 沉淀用95%乙醇和无水丙酮反复冲洗除去还原糖和小分子杂质。

(7) 沉淀冷冻干燥后储存于干燥器中备用。

## 五、实验结果

记录发酵参数及结果。

## 六、思考题

(1) 导致液体培养条件下污染的因素有哪些？实验过程中如何避免杂菌的污染？如何正确判断发酵终点？

(2) 影响液体多糖提取的因素有哪些？实验过程中如何避免减少多糖的得率？

# 第六节　抗生素的发酵工艺实验

## 实验六十六　青霉素的发酵

### 一、实验目的

(1) 通过青霉素发酵，初步了解抗生素发酵过程；

(2) 掌握抗生素发酵过程中一些重要生理指标的分析方法。

### 二、实验原理

抗生素产生菌在发酵过程中，利用培养基中的各种营养成分进行一系列的代谢变化，同时分泌出许多代谢产物。按照菌体的代谢类型划分这些代谢产物，可分为分解代谢产物和合成代谢产物。其中，合成代谢产物又分为初级代谢产物和次级代谢产物，抗生素就是次级代谢产物中的一类。

抗生素发酵过程中生产菌株的代谢研究是提高抗生素产量的一个重要环节，如生产菌株的选育、新抗生素的研究、菌株营养要求、发酵调节及工艺设备的改进等，都与菌株的代谢研究密切相关，并直接影响抗生素的产量。

### 三、实验材料和仪器

1. 实验材料

(1) 菌种：产黄青霉菌菌种、金黄色葡萄球菌。

(2) 培养基：

①PDA 培养基：马铃薯 200 g，葡萄糖 20 g，琼脂 18～20 g，蒸馏水 1 L。

②LB 培养基：酵母粉 10 g，蛋白胨 20 g，NaCl 20 g，琼脂 18～20 g，蒸馏水 1 L。

(3) 试剂：1 mol/L 盐酸、1 mol/L NaOH、氯化钠、氨苄青霉素钠、磷酸氢二钾、磷酸二氢钠、葡萄糖、琼脂粉、胰蛋白胨。

2. 实验仪器

不锈钢小管(牛津小杯)、培养皿、移液器、三角瓶、冰箱、恒温培养箱、分光光度计(光电比色器)等。

## 四、实验内容

1. 菌种培养

将产黄青霉菌菌种 AS 3.546 接种到察氏琼脂斜面培养基上，26℃培养 5～6 天备用。

2. 发酵

从察氏琼脂斜面培养基上移种青霉菌孢子，接种到三角瓶发酵培养液中(共 5 瓶)，然后将三角瓶置于冰箱保存，每隔 24 h 取出一瓶，放入摇床。

3. 分析和测定方法

青霉素效价的测定：抗菌物质(如抗生素)的微生物测定方法有稀释法、比浊法及琼脂平板扩散法。本实验采用国际上最普遍应用的琼脂平板扩散法来测定青霉素效价。该方法是将规格一定的不锈钢小管置于带菌的琼脂平板上，管中加入被测液(抗生素)，在室温中扩散一定时间后放入恒温箱培养。在菌体生长的同时，被测液扩散到琼脂平板内，抑制周围菌体的生长或杀死周围菌体，从而产生不长菌的透明抑菌圈。在一定范围内，抗菌物质的浓度(对数值)与抑菌圈直径(数学值)呈直线关系。

4. 金黄色葡萄球菌悬液的制备

取在传代琼脂培养基上连续培养 3～4 代的金黄色葡萄球菌，用 0.85%的生理盐水洗下，离心沉淀，倾去上层清液，菌体沉淀后再用生理盐水洗 1～2 次，最后将菌液稀释至 18 亿～21 亿个/mL。或者用光电比色计测定，透光率为 20%(波长在 650 nm)。

5. 青霉素标准溶液的配制

准确称取纯氨苄青霉素钠盐 15～20 g，并将其溶解在一定量的 pH=6.0 的磷酸缓冲液中，配制成 2000 U/mL 的青霉素溶液。然后依次稀释，配制成 800 U/mL、1000 U/mL、1200 U/mL、1500 U/mL 和 2000 U/mL 的青霉素标准溶液。

6. 青霉素标准曲线的绘制

取灭菌培养皿 10 个，每个培养皿用大口吸管吸取已冷却的下层培养基 21 mL。水平放置，待凝固后，再加入上层培养基 4 mL，将培养皿来回倾侧，使含菌的上层培养基均匀分布。上层培养基在使用前先冷却至 50℃左右，每 100 mL 培养基加入 50%葡萄糖溶液 1 mL 及金黄色葡萄球菌悬液 3～5 mL，充分摇匀，在 50℃水浴内放置 10 min 后使用。青霉素溶液的抑菌圈大小与上层培养基内菌体的浓度密切相关。增加细菌浓度，抑菌圈就缩小。实验中加入菌体的量应控制在 1 U/mL，青霉素溶液的抑菌圈直径在 20～24 mm。

待上层培养基完全凝固后，在每个琼脂平板上轻轻放置牛津小杯 3 个，小杯之间的距离应该相等，然后用移液器将青霉素标准溶液加入小管中，每一浓度做 2 个平行。盖上培养皿盖，将培养皿移至37℃恒温箱内培养18～24 h，然后移去小管，精确量取抑菌圈直径并记录数据。

7. 发酵液青霉素效价的测定

将摇床上的5瓶三角瓶发酵培养液拿出来，根据步骤6进行操作，24 h后测量其5天的抑菌圈，并根据标准曲线计算出其5天的青霉素浓度。

## 五、实验结果

(1)计算每种抑菌圈的平均直径，以青霉素浓度(U/mL)的对数值为纵坐标，以抑菌圈直径的校正值(mm，数学值)为横坐标，绘制标准曲线。

(2)根据1～5天检品稀释液抑菌圈直径的校正值，在标准曲线上分别查出各检品稀释液的效价。

## 六、思考题

(1)抗生素属于微生物的哪类代谢产物？

(2)抗生素效价的微生物测定方法有哪些？琼脂平板扩散法的原理是什么？

# 实验六十七 红霉素的发酵

## 一、实验目的

(1)掌握微生物发酵的基本流程和技术；

(2)掌握红霉素的发酵过程；

(3)学习计算红霉素的浓度及分析影响发酵结果的因素。

## 二、实验原理

1. 红霉素

红霉素为大环内酯类抗生素(图1)，抗菌谱与青霉素近似，对革兰氏阳性菌，如葡萄球菌、化脓性链球菌、绿色链球菌、肺炎链球菌、粪链球菌、溶血性链球菌、梭状芽孢杆菌等有较强的抑制作用；对革兰氏阴性菌，如淋球菌、螺旋杆菌、百日咳杆菌、布氏杆菌、军团菌、脑膜炎双球菌及流感嗜血杆菌、拟杆菌、部分痢疾杆菌和大肠杆菌等也有一定的抑制作用。其抑菌的作用机制主要是与核糖体蛋白的50S亚基相结合，抑制肽酰基转移酶，影响核糖核蛋白的移位过程，妨碍肽链增长，抑制细菌蛋白质的合成。

2. 红霉素的生物效价测定原理

红霉素的生物效价测定采用杯碟法，利用抗生素在琼脂培养基内的扩散渗透作用，在相同条件下，将已知效价的标准溶液与未知效价的样品溶液涂布在有高度敏感性的试

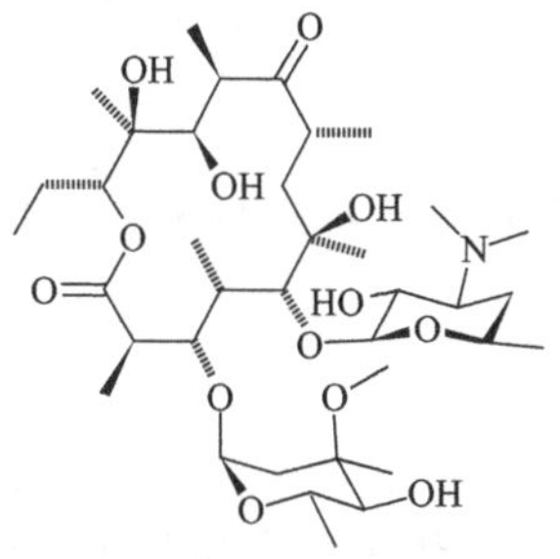

分子式：$C_{37}H_{67}NO_{13}$，分子量：733.93

图 1　红霉素结构式

验菌株(葡萄球菌等革兰氏阳性菌株)培养基上，进行对照培养。培养一定时间后，在抗生素达到的适应浓度范围内，产生透明圈，比较两者抑菌圈的大小，利用图表法计算出未知抗生素的效价。

## 三、实验材料和仪器

### 1. 实验材料

(1)菌种：红霉素链霉菌、金黄色葡萄球菌。

(2)培养基：

①种子培养基：可溶性淀粉 3.5%，硫酸铵 0.75%，氯化钠 0.5%，磷酸氢二钾 0.08%，蛋白胨 0.5%，糊精 2%，葡萄糖 3%，酵母粉 2%，碳酸钙 0.8%，硫酸镁 0.05%，pH=7.5。

②发酵培养基：可溶性淀粉 3%，硫酸铵 0.5%，糊精 1.5%，葡萄糖 2%，玉米浆 0.1%，碳酸钙 0.9%，豆油 0.3%，pH=7.5。

③固体 LB 平板培养基：胰蛋白胨 1%，酵母提取物 0.5%，氯化钠 0.5%，琼脂 2%。

(3)试剂：1 mol/L NaOH、1 mol/L HCl 和 50 mL 无菌生理盐水。

### 2. 实验仪器

10 mL 和 5 mL 吸管、接种环、酒精灯、滤纸、漏斗、250 mL 三角瓶、200 mL 量筒、广范 pH 试纸、玻璃棒、滴管、天平、分光光度计、摇床等。

## 四、实验内容

### 1. 菌种活化

对于已长久保存的菌种，需经斜面培养基活化培养一次，即取保存的斜面菌种红霉素链霉菌移至斜面培养基，经 34℃斜面培养 5 天至孢子长好后作为活化后的种子。

### 2. 斜面种子的制备

取活化好的斜面菌种，无菌操作，取 5 mL 无菌水至斜面培养基，用接种环轻轻刮下孢子，轻轻振荡制成孢子悬浮液。

3. 摇瓶种子液的制备

将孢子悬浮液接入 1 瓶无菌的液体种子培养基，34℃摇床培养 3 天，摇床转速为 160 r/min，制成种子液。

4. 发酵

无菌操作，取发酵培养基 3 瓶，按 10%的接种量，接入种子液，其中 1 瓶不接种留作对照。摇床转速 160 r/min，31℃摇床培养 2 天。观察发酵过程中 pH、吸光度($A$)的变化并记录。

5. 发酵液预处理

取发酵液经过滤，除菌丝体，取滤液。

6. 效价的测定——标准曲线法

(1) 倒平板：将 LB 琼脂培养基融化后，倒平板，每个约倒 15 mL。

(2) 涂平板：无菌操作，吸取 37℃培养了 18 h 的 0.1 mL 金黄色葡萄球菌菌液加入上述平板，用无菌三角涂棒涂布均匀。

(3) 标记：将上述平板皿底用记号笔分成 4～6 等份，分别标明红霉素标准浓度($1.5\times10^{-4}$ mg/mL、$1.5\times10^{-5}$ mg/mL、$1.5\times10^{-6}$ mg/mL、$1.5\times10^{-7}$ mg/mL、$1.5\times10^{-8}$ mg/mL)。

(4) 贴滤纸片：无菌操作，用镊子取无菌滤纸片分别浸入 5 种不同浓度($1.5\times10^{-4}$ mg/mL、$1.5\times10^{-5}$ mg/mL、$1.5\times10^{-6}$ mg/mL、$1.5\times10^{-7}$ mg/mL、$1.5\times10^{-8}$ mg/mL)的红霉素溶液中，在容器内沥干余液，再将滤纸片分别贴在平板相应的位置上，在平板中央贴上浸有发酵液滤液的滤纸。平行做 3 个培养皿。

(5) 培养、观察：将上述平板倒置，于 37℃培养 24 h，观察并记录抑菌圈的大小，然后计算红霉素发酵液的浓度。

## 五、思考题

(1) 记录 0 h、12 h、24 h、36 h、48 h 各时间段的 pH、$A$，分别以表格和图形形式表示，并对菌种产红霉素的能力进行评定。

(2) 如何进行红霉素的定性分析？

# 第七节　酶制剂的发酵工艺实验

## 实验六十八　淀粉酶的发酵生产

## 一、实验目的

(1) 掌握微生物发酵生产淀粉酶的基本流程；

(2)通过淀粉酶的发酵过程，掌握菌种制备、发酵过程控制、中间参数测定等基本生物工程技术。

## 二、实验原理

淀粉酶是能够分解淀粉糖苷键的一类酶的总称，包括 $\alpha$-淀粉酶、$\beta$-淀粉酶、糖化酶和异淀粉酶。枯草芽孢杆菌主要用来产生 $\alpha$-淀粉酶和异淀粉酶，其中 $\alpha$-淀粉酶又称淀粉1,4-糊精酶，能够切开淀粉链内部的 $\alpha$-1,4-糖苷键，将淀粉水解为麦芽糖、含有6个葡萄糖单位的寡糖和带有支链的寡糖；而异淀粉酶又称淀粉 $\alpha$-1,6-葡萄糖苷酶、分支酶，此酶作用于支链淀粉分子分支点处的 $\alpha$-1,6-糖苷键，将支链淀粉的整个侧链切下变成直链淀粉。

以枯草芽孢杆菌为实验菌株，通过种子扩大培养，选出生长力旺盛的菌株进行液体摇瓶发酵。通过测定不同发酵时间生产的酶活性，来初步估计发酵最佳时期和终点。

## 三、实验材料和仪器

### 1. 实验材料

(1)菌种：枯草芽孢杆菌(*Bacilus subtilis* BF-7658)。

(2)培养基：

①种子培养基：LB液体培养基(蛋白胨10 g/L，酵母膏5 g/L，氯化钠10 g/L)。

②发酵培养基：葡萄糖(1.5%)，玉米淀粉(0.2%)，酵母膏(0.02%)，蛋白胨(3%)，氯化铵(0.01%)，硫酸镁(0.05%)，磷酸二氢钠(0.15%)，磷酸氢二钠(0.3%)。

(3)试剂：1 mol/L NaOH、0.1 mol/L HCl、pH=6.0的磷酸缓冲液、稀碘液等。

### 2. 实验仪器

天平、药匙、广范pH试纸、玻璃棒、250 mL的三角瓶、纱布、报纸、棉线、电炉、电磁炉、带塞比色管、试管架、漏斗、1 mL和5 mL移液管、洗瓶、废液瓶、滤纸、比色皿、取液器、枪盒、枪头、酒精灯、打火机、振荡培养箱、分光光度计、水浴锅等。

## 四、实验内容

### 1. 菌种活化

将保藏的菌种转接到斜面培养基上，37℃培养24 h。

### 2. 种子液制备

取一环活化的菌种接入装量为50 mL的种子培养基，37℃、180 r/min培养18 h。

### 3. 接种培养

分别取2 mL种子液，接入发酵培养基中，于恒温振荡培养箱32℃、160 r/min培养48 h。发酵结束后将发酵液过滤，备用。

4. $\alpha$-淀粉酶活性的测定

吸取 20.0 mL 可溶性淀粉溶液于试管中，加入 5.0 mL 缓冲液摇匀后，于(60±0.2)℃恒温水浴中预热 5 min。加入稀释好的待测酶液 1.0 mL，立刻计时，摇匀，准确反应 5 min。立即吸取 1.0 mL 反应液，加到预先盛有 0.5 mL 盐酸溶液(0.1 mol/mL)和 5.0 mL 稀碘液中，摇匀，并以 0.5 mL 盐酸溶液(0.1 mol/mL)和 5.0 mL 稀碘液作空白，于 660 nm 波长下，用 10 mm 比色皿迅速测定其吸光度($A$)，根据其吸光度查表，求得测试酶液的浓度($c$，单位 U/mL)。也可用 DNS 法测定淀粉酶作用后的淀粉溶液中还原糖的量，以此来计算淀粉酶活性。

5. 发酵过程中淀粉酶效价测定

(1)配制淀粉培养基：2%淀粉，2%琼脂。

(2)水解淀粉圈实验：用打孔器在平皿中央打孔，取 0.1 mL 不同时间取样的发酵液于孔中，最后将平皿放置于 30℃左右的培养箱中培养并观察。

## 五、思考题

(1)根据本实验，查阅资料，写出一种适合该发酵液中淀粉酶提取的实验方案。

(2)记录 0 h、12 h、24 h、36 h、48 h 各时间段淀粉酶的效价，绘制淀粉酶效价(以透明圈直径表示)变化曲线。

# 实验六十九　蛋白酶的发酵生产

## 一、实验目的

(1)了解气升式发酵罐的结构及特点，学会使用该类型的发酵罐培养微生物；

(2)在 5 L 发酵罐中进行细菌培养，通过测定菌体浓度了解细菌的生长规律，并通过测定蛋白酶活性了解产物生成，分析菌体生长与产物生成的关系；

(3)掌握检测发酵过程中的溶解氧(DO)、pH 等。

## 二、实验原理

基于微生物的生物代谢能力，微生物通过合适的营养物质和培养条件，利用糖类、脂肪和蛋白质等有机物进行代谢，产生酶作为催化剂。这些酶能够在特定的温度、pH 和底物浓度等条件下，促进生物化学反应进行，从而转化底物为所需的产物。

## 三、实验材料和仪器

1. 实验材料

(1)菌种：枯草芽孢杆菌。

(2)培养基：

①LB 培养基：胰蛋白胨 10 g/L，酵母提取物 5 g/L，氯化钠 10 g/L，卡那霉素 5 mg/L，pH=7.4。

②斜面培养基：配方同 LB 培养基，调 pH 至 7.4 后添加琼脂 15 g/L。

(3) 试剂：

①0.5 mg/mL 抗生素溶液：称取 0.05 g 卡那霉素溶于 100 mL 无菌水。小管分装后置于–20℃冻存备用。

②蛋白酶测定试剂：福林试剂、酪氨酸标准品。

### 2. 实验仪器

250 mL 锥形瓶、接种环、摇床、5 L 发酵罐及配套设备等。

## 四、实验内容

### 1. 种子液制备

250 mL 锥形瓶装入培养基 50 mL，接种斜面菌种一环，于旋转摇床 37℃培养 12 h，转速 150～200 r/min。

### 2. 发酵前准备

(1) 清洗：发酵罐培养前后进行清洗(空气分布器、管内壁、顶板放零件的小间隙)，外壁、底板、顶板擦干净。

(2) 连接：进行发酵之前要对发酵系统(蒸汽发生器管路、空气压缩系统、冷却系统、发酵流加系统及在线控制系统)进行调试。主要工作是检查通气与通水管道的连接正确与否、管道是否破损、空压机能否正常工作、在线控制系统能否正常工作。发酵罐中配置用于供给冷却水、循环水及排水的管子和空压机空气供给的配管。连接发酵罐、pH 控制器、DO 控制器等电源。注意不要漏电和接错线。

(3) 试剂：配置培养基、酸碱平衡液、硅油等消泡剂。

### 3. 电极标定

1) pH 电极标定

标定 pH 电极零点和斜率要在灭菌以前进行。电极在使用前先用蒸馏水清洗并检查电极信号有无故障，然后再进行标定。一般而言，如果发酵液偏酸性就用 pH 为 6.86 和 4.00 的缓冲液标定，如果偏碱性则配制 pH 为 6.86 和 9.18 的缓冲液标定。

点击控制器屏幕画面下方的“标定”，弹出标定菜单，选择相应罐下的“pH 电极”，弹出相应的 pH 电极标定界面。先进行零点标定，以酸性为例，将 pH 电极连好电极线，用蒸馏水洗净后插入 pH 为 6.86 的标准液中，点击“零点值”，输入 6.86，然后点击“开始”，待采样值完全稳定后点击“结束”。用蒸馏水清洗电极探测头后插入 pH 为 4.00 的标准液中，用同样方法输入斜率值 4.00 来标定斜率。

接下来将 pH 电极插在发酵罐上与培养基一起进行灭菌，并用纱布和牛皮纸将电极的金属头包住，以免接触到水。实消后，冷却下来，连上电极线，接到罐上，这时 pH 电极将信号传给控制系统并显示发酵罐内发酵液的 pH。在发酵控制台上设定需要控制的 pH，控制系统会通过流加酸碱控制 pH。也可不控制 pH，通过电极对发酵过程的 pH 变化进行检测。

2)溶解氧电极的标定

溶解氧电极的零点要在灭菌以前标定，斜率必须在灭菌后接种前，当温度等各项培养条件都满足发酵工艺的要求时进行标定。

标定方法类似于 pH 电极的标定，点击控制器屏幕画面下方的“标定”，弹出标定菜单，选择相应罐下的“溶解氧电极”，弹出相应的溶解氧电极标定界面。灭菌前先标定零点，标定液一般为饱和的无水亚硫酸钠溶液，输入零点值为 1%，点击“开始”，待采样稳定后结束。在发酵罐实消之后，把通气、搅拌转速、温度等参数调整到设定值，待各参数稳定满足发酵条件后，进入相应罐的溶解氧电极标定画面，输入斜率值 100%进行斜率标定。

使用时与 pH 电极一样，将溶解氧电极装入发酵罐与培养基一起进行实消灭菌，并用纱布和牛皮纸将电极的金属头包住，以免接触到水。实消完成，待冷却后，连接电极线，连接到发酵罐的控制系统。

## 4. 实罐灭菌操作

1)准备

(1)关紧发酵罐底阀，倒入培养基，旋紧接种口。

注:氯离子对不锈钢会带来不可逆转的破坏，因此应避免用盐酸溶液调节培养基 pH，如工艺上无法避免加盐酸，应控制盐酸溶液浓度不大于 5%且在添加过程中不得直接接触不锈钢。

(2)盖紧罐盖上各种盖帽(加酸、加碱、补料口等)，旋紧罐盖，压紧螺栓。

(3)标定好 pH、DO 电极，将电极插入罐体并及时地锁紧螺母，将电极的金属头用纱布和牛皮纸包裹好。

(4)关排气冷凝器进水阀，移去进出口的软管，排尽冷凝水管中的水。

(5)盖上灭菌罐罩，旋紧螺母。

2)培养基预热

(1)准备工作：发酵罐原位灭菌，要预先启动蒸汽发生器、空气压缩机(亦可稍后启动)，确认控制器中的温度控制设定为手动。

注：蒸汽发生器的使用方法如下。

①每次使用之前必须先打开排污阀和蒸汽阀，放掉炉内残余的污水。

②排污后即可关闭排污阀。打开进水阀和电源开关，此时“低水位”灯亮并发出蜂鸣报警，水泵开始工作进行抽水(此时可打开水泵放气阀排出泵内多余空气)，抽水结束后报警结束，“低水位”灯灭，蒸发器开始加热，“加热”灯亮。此时务必保证蒸汽阀处于关闭状态。压力表开始上升。

③加热结束后即可正常使用热蒸汽。

④每次使用完毕关闭电源后待压力降到 1 kg/cm$^2$ 以下时，要打开排污阀排出管道内污水。

(2)开罐顶排气阀，开夹套排水阀排净夹套水，关闭其他阀门。

(3)蒸汽进夹套：首先打开蒸汽发生器的蒸汽阀，缓缓开夹套蒸汽阀让蒸汽进夹套(注意：此时有轻微爆破声属于正常，如声音过响，则开阀的速度应减慢)。待排水口排出蒸汽时调节夹套排水阀，控制蒸汽排出量，以有少量蒸汽冒出即可，并注意夹套内压力不超过 0.2 MPa。当培养基预热至 98℃时，即可进入下一步实罐灭菌操作。当培养基温度为 80～90℃时，可以适当地减慢升温速度，在本温度区域可以杀灭大部分的微生物。

(4)蒸汽进取样阀：开出料阀，关紧罐底阀，开蒸汽阀使蒸汽进入取样阀内腔，当出料阀排尽冷凝水后应调节其开度，以有少量蒸汽排出即可。

3)实罐灭菌

(1)蒸汽进过滤器：微开过滤器上的排冷凝水阀，开蒸汽阀，微开过滤器后的排冷凝水阀，缓缓开空气管路切断阀，蒸汽进入反应器内，当两个冷凝水阀出口冷凝水很少时，调节冷凝水阀 2、3，以有微量蒸汽排出为宜。当罐顶排气口有蒸汽排出或罐温度达到 100℃两分钟后(排尽罐内的冷空气)，即可关闭排气阀。调节空气管路切断阀和蒸汽阀，维持过滤器上蒸汽压力为 0.12～0.16 MPa，同时必须保证切断阀有一定开度，不得关死。

(2)当达到预定温度或罐压后，开罐顶排气阀至有少量蒸汽排出，关紧或微开夹套蒸汽阀，微开罐底阀(开阀时观察视镜处的培养基翻动的变化，以有少量的变化为宜)，根据罐的压力或罐温度变化的趋势，及时调节蒸汽阀的开关，让反应器罐的压力或罐的温度维持在预定的范围内(阀门调节要避免大幅度的开关)，开始保温计时。

(3)保温开始后，罐顶排气阀蒸汽排量不宜太小，否则可能导致液面以上的罐体部分尤其罐盖达不到消毒温度。

4)灭菌完成及降温(原则：先开后关，后开先关)

(1)旋紧罐底阀，关紧取样器的蒸汽阀。

(2)关紧空气管线切断阀及冷凝水阀，关紧过滤器前蒸汽阀，打开空气单向阀及空气流量阀，开冷凝水阀，让空气吹干过滤器。当罐压接近 0.05 MPa 时关冷凝水阀，缓缓开空气管线切断阀，让空气进入发酵罐。过滤器冷凝水阀排尽冷凝水后就可以关闭。

(3)关紧夹套蒸汽阀及冷凝水出水阀，开夹套进水阀。在控制器中将温度控制方式设定为“自动”并对温度进行设定，发酵罐开始自动降温。

(4)待灭菌钟罩完全冷却压力恢复正常后，将其取下，接好酸碱、消泡、补料管路通道，打开排气冷凝阀对尾气进行冷凝，待工艺条件稳定后进入发酵过程。设定过程参数：在主界面下按 F1 进入参数设定界面，分别按不同的按键设定温度、pH 等参数，调节空气流量转子调整适当的通气量，等参数稳定后，进入溶解氧标定界面标定溶解氧斜率为 100%。

5. 接种及取样

(1)接种：旋松接种口，在火焰圈保护下，打开接种口，倒入种子液，然后旋紧接种盖，移去火焰圈。

(2)取样：预先启动蒸汽发生器后，打开蒸汽阀，微开放料阀至有少量蒸汽排出，消毒 5～10 min 后关闭放料阀及蒸汽阀。然后旋开罐底阀，打开放料阀即可取样。取样后关闭罐底阀，同样打开蒸汽阀用热蒸汽冲洗干净取样管路。

### 6. 下罐和清洗

发酵结束后进行下罐和清洗，先把电源关掉，然后把通气管、冷凝管、流加管等关掉，把溶解氧电极和 pH 电极拔掉。把发酵液倒掉并清洗。

蒸汽发生器注意事项：

(1) 每天第一次使用之前必须先打开排污阀和蒸汽阀，放掉炉内残余的污水。

(2) 每次使用完毕关闭电源后需等压力降到 1 kg/cm$^2$。

## 五、实验结果

### 1. 菌种生长曲线的测定

在发酵不同时间取样，测定发酵液的吸光度 $A_{600}$，以不接种的培养基为对照进行测定，如果 $A$ 值过大(一般在 0.2～0.8)，用培养基稀释。测得结果记录在表 1 中。

**表 1　摇瓶及发酵罐中发酵液的 $A$ 值**

| 时间/h | 摇瓶 $A_{600}$ | 发酵罐 $A_{600}$ |
|---|---|---|
| 0 | | |
| 12 | | |
| 15 | | |
| 21 | | |
| 25 | | |
| 36 | | |
| 40 | | |
| 44 | | |

### 2. 绘制标准曲线

不同浓度的酪氨酸标准溶液按表 2 配制。将各种浓度的酪氨酸溶液各取 1 mL，分别加入 0.4 mol/L 碳酸钠溶液 5 mL、稀释后的福林试剂 1 mL，置于 40℃恒温水浴中显色 20 min，用空白管(只加水、碳酸钠溶液和福林试剂)作对照测定 $A_{680}$，每管做三个平行样品，可标记为 A、B、C，测定的数据记录在表 3 中。以 $A_{680}$ 为纵坐标、酪氨酸的微克数为横坐标，绘制标准曲线。

**表 2　酪氨酸标准溶液配制表**

| 管号 | 酪氨酸浓度/(μg/mL) | 100 μg/mL 酪氨酸溶液/mL | 蒸馏水/mL |
|---|---|---|---|
| 0 | 0 | 0 | 10 |
| 1 | 10 | 1 | 9 |

续表

| 管号 | 酪氨酸浓度/(μg/mL) | 100 μg/mL 酪氨酸溶液/mL | 蒸馏水/mL |
|---|---|---|---|
| 2 | 20 | 2 | 8 |
| 3 | 30 | 3 | 7 |
| 4 | 40 | 4 | 6 |
| 5 | 50 | 5 | 5 |
| 6 | 60 | 6 | 4 |

**表 3　酪氨酸测定值记录表**

| | 1 | 2 | 3 | 4 | 5 | 6 |
|---|---|---|---|---|---|---|
| A | | | | | | |
| B | | | | | | |
| C | | | | | | |
| $A_{680}$ | | | | | | |
| 酪氨酸浓度/(μg/mL) | | | | | | |

3. 蛋白酶活性的测定

(1) 原理：福林试剂是磷钨酸盐和磷钼酸盐的混合物，它在碱性条件下极不稳定，可被酚类化合物还原产生蓝色物质(钼蓝和钨蓝的混合物)。酪蛋白经蛋白酶作用后产生的含酚基的氨基酸(酪氨酸)可与福林试剂反应，所生成的蓝色化合物可用分光光度法测定。

(2) 试剂：

①福林试剂：使用时，1 份福林试剂与 2 份蒸馏水混合，摇匀。

②0.4 mol/L 碳酸钠溶液：称取无水碳酸钠 42.4 g，用蒸馏水定容至 1000 mL。

③0.4 mol/L 三氯乙酸溶液：称取三氯乙酸 65.4 g，用蒸馏水溶解定容至 1000 mL。

④2%酪蛋白溶液：称取酪蛋白 2.0 g，先用少量 0.5 mol/L NaOH 润湿后，再加入适量的缓冲液，在水浴中加热溶解(经常搅拌)。冷却后，用上述缓冲液定容至 100 mL，pH=7.5。定容时若泡沫多，可加 1～2 滴硅油消泡，此试剂用时配制。

⑤0.02 mol/L pH=7.5 磷酸缓冲液：称取 $Na_2HPO_4 \cdot 12H_2O$ 6.02 g，$NaH_2PO_4 \cdot 2H_2O$ 0.5 g 溶解定容到 1000 mL。

⑥100 μg/mL 标准酪氨酸溶液：精确称取烘干的酪氨酸 100 mg，用 1 mol/L 盐酸溶液 6 mL 溶解，再用 0.2 mol/L 盐酸溶液定容至 100 mL，即得 1 mg/mL 酪氨酸标准溶液。取此溶液 10 mL，用 0.2 mol/L 盐酸定容至 100 mL，即为 100 μg/mL 酪氨酸标准溶液。

(3) 酶活性测定：发酵液可直接吸取 1 mL 经适当稀释后供测定用。

先将酪蛋白溶液放入 40℃恒温水浴中预热 5 min，然后按下列顺序操作：

取 1 mL 样品(40℃恒温水浴中预热 2 min)加入 2%酪蛋白溶液 1 mL(摇匀，反应 10 min)，加入 0.4 mol/L 三氯乙酸 2 mL(立即摇匀)，从水浴锅中取出，静置 10 min 后离心(4000

r/min，5 min）。取 1 mL 滤液、5 mL 0.4 mol/L 碳酸钠、1 mL 福林试剂（摇匀后在 40℃恒温水浴中显色 20 min），于 680 nm 波长下比色，将数据汇总填写在表 4 中。

**表 4　酪氨酸发酵实验记录表**

| 时间/h | pH | DO/% | 摇瓶 *A* | 罐 *A* | 摇瓶酶活性/（U/mL） | 罐酶活性/（U/mL） |
| --- | --- | --- | --- | --- | --- | --- |
| 0 | | | | | | |
| 12 | | | | | | |
| 15 | | | | | | |
| 21 | | | | | | |
| 25 | | | | | | |
| 36 | | | | | | |
| 40 | | | | | | |
| 44 | | | | | | |

空白对照：样品中应先加入三氯乙酸，然后加入酪蛋白溶液。

（4）计算：

1 mL 酶液在一定温度和 pH 条件下，每分钟水解酪蛋白产生 1 μg 酪氨酸的酶量为一个酶活性单位。

$$酶活性单位（U/g 或 U/mL）=A\times K\times N\times 4/10$$

式中，*A* 为样品平行实验的平均吸光度；*K* 为吸光常数（标准曲线中斜率的倒数，*A* 值为 1 所相当的酪氨酸为 10 μg/mL）；4 为反应试剂的总体积，mL；10 为反应时间 10 min；*N* 为稀释倍数（所得结果表示至整数，结果的允许相对误差不得超过 3%）。

注意：酪蛋白配制应严格按操作方法进行，否则影响测定数据。

## 六、思考题

（1）实验中蛋白酶的测定原理是什么？

（2）简述小型发酵罐上罐发酵的基本流程。

# 第八节　水产品的发酵工艺实验

## 实验七十　鱼露的发酵生产

### 一、实验目的

（1）掌握微生物发酵生产鱼露的基本流程；

（2）通过鱼露的发酵过程，掌握鱼露加工工艺、发酵过程控制、理化参数测定及感官评价等基本技术。

## 二、实验原理

鱼露是一种利用低值杂鱼及其副产物，在盐渍条件下经发酵分解产生滋味鲜美的调味用品，不仅滋味鲜美，而且富含小分子蛋白肽、矿物质元素、牛磺酸等重要的营养物质，广泛用于食材烹饪。原料鱼在发酵之前需要用盐进行腌制，主要是为了抑制腐败菌的作用，保证原料的新鲜度。发酵过程主要是对原料中的蛋白质进行水解，其中涉及多种蛋白酶，不仅包括鱼体内本身含有的组织蛋白酶、消化器官的蛋白酶，还包括微生物蛋白酶，如类胃蛋白酶、类胰蛋白酶、组织蛋白酶、肽酶、核酸酶等。不同来源的鱼中，蛋白酶的活性有显著的差异，上层鱼类的酶活性显著高于底栖鱼类，消化系统中的蛋白酶活性显著高于肌肉中酶活性，且旺季捕捞到的鱼的酶活性显著高于其他时间捕捞的鱼的酶活性。食盐的浓度及纯度对鱼露风味和渗透生产工艺等有显著影响。

## 三、实验材料和仪器

### 1. 实验材料

(1) 菌种：米曲霉(*Aspergillus oryzae*)。

(2) 原辅材料：

原料：鲜活鱼。

发酵曲原料：米曲霉、麦麸、食盐。

(3) 试剂：国标中氨基酸种类及含量的测定、菌落总数的测定、菌数的测定、大肠杆菌的测定、致病菌的测定所需分析级试剂。

### 2. 实验仪器

灭菌锅、氨基酸自动分析仪、分析天平、离心机、破壁机、实验室常用器皿等。

## 四、实验内容

### 1. 曲种活化制备

将保藏的菌种转接到斜面培养基上，32℃培养 24 h，加入约 50 mL 无菌水，制备米曲霉液体。取 250 g 麦麸加水 500 g，采用高压蒸汽灭菌 20 min，添加米曲霉液体 50 g，在 32℃培养 56 h，制备成成曲备用。

### 2. 原料处理

购买新鲜活鱼宰杀后，将鱼分割成小块，放入发酵容器中，食用盐添加量为鱼重的30%～40%，搅拌均匀，每一层鱼肉用食用盐进行封闭，常温下腌制 3～6 个月，备用。

### 3. 发酵酶解

按照鱼肉质量添加饮用水量为 50%，成曲添加量为 5%。

(1) 自然发酵：在常温下，利用鱼体的自身酶和微生物进行发酵。充分利用自然气候和太阳能，靠日晒进行发酵。每天早晚各搅拌一次。使发酵温度均匀，发酵程度视氨基酸含量而定。当氨基酸增加量趋近于 0，发酵液香气浓郁、口味鲜美时，发酵结束，这一般需要几个月时间。

(2) 人工发酵：利用夹层保温池进行发酵，水浴保温，温度控制在 50～60℃，需要半个月到一个月时间。为了加速发酵进程，可利用的蛋白酶有菠萝蛋白酶、木瓜蛋白酶、胰蛋白酶、复合蛋白酶等，发酵时间可缩短一半。

4. 过滤

采用离心过滤的方式将发酵液与底物进行离心、过滤制备鱼露初品。滤渣可采用浸提的方式再次提取。将制备获得的鱼露初品采用膜分离进行提纯，从而可得到优质原露鱼汁。

5. 调配

浸提后的鱼露根据不同等级进行混合调配，较稀的可用浓缩锅进行浓缩，蒸发部分水分，使氨基酸含量及其他指标达到国家标准。也可以加入一些糖、辣椒、蒜等调料，以增加鱼露的口感和风味。

6. 装瓶

灌装于预先经过清洗、消毒、干燥的玻璃瓶内，封口、贴标，即为成品。

7. 理化指标测定

氨基酸种类及含量的测定依据国家标准《食品安全国家标准 食品中氨基酸的测定》(GB 5009.124—2016) 进行；菌落总数的测定依据国家标准《食品安全国家标准 食品微生物学检验 菌落总数测定》(GB/T 4789.2—2022) 方法测定；菌数的测定依据《食品安全国家标准 食品微生物学检验 霉菌和酵母计数》(GB 4789.15—2016) 国家标准进行；大肠杆菌的测定依据《商品化试剂盒检测方法 大肠菌群和大肠杆菌 方法一》(SN/T 4547—2017) 标准进行；致病菌的测定依据《食品中常见致病菌检测 PCR-DHPLC 法》(SN/T 2641—2010) 的方法进行。

8. 鱼露感官评价标准

鱼露的感官评价分析基于表 1。

**表 1　鱼露感官评价表**

| 项目 | 分值 (满分 100) | 参考标准 |
|---|---|---|
| 色泽 (25%) | 21～25 | 色泽光亮度好，油润自然，棕褐色 |
| | 15～20 | 色泽光亮度一般，油润自然，棕褐色 |
| | 10～14 | 色泽光亮度一般，油润暗淡，有少许异色 |
| | 0～9 | 色泽光亮度较差，色泽暗淡或者发黑，色泽不均匀 |

续表

| 项目 | 分值(满分 100) | 参考标准 |
|---|---|---|
| 气味(25%) | 21～25 | 味鲜香，无异味，风味浓郁 |
| | 15～20 | 味鲜香，无异味，风味一般 |
| | 10～14 | 味鲜香，无异味，风味差 |
| | 0～9 | 无香味感，异味较多 |
| 组织状态(25%) | 21～25 | 油润细腻，均匀，分散性好 |
| | 15～20 | 油润细腻，不均匀，分散性一般 |
| | 10～14 | 细腻度一般，不均匀，分散性一般 |
| | 0～9 | 细腻度较差，不均匀，分散性较差 |
| 滋味(25%) | 21～25 | 咸鲜味好，滋味浓郁，味道纯正 |
| | 15～20 | 咸鲜味好，滋味较好，味道稍正 |
| | 10～14 | 咸鲜味一般，滋味一般，味道欠纯正 |
| | 0～9 | 过鲜或过咸，滋味不协调，味道欠佳 |

## 五、思考题

(1)根据本实验查阅资料，简述影响鱼露发酵的因素有哪些。

(2)在生产过程中，进行盐渍发酵时会根据鱼的新鲜程度添加不同的食用盐量，联系实验内容讨论不同鱼肉添加食盐量的规律并分析其原因。

# 实验七十一　虾酱的发酵生产

## 一、实验目的

(1)掌握虾酱发酵生产工艺；

(2)了解传统发酵工艺与现代发酵工艺发酵生产虾酱的区别。

## 二、实验原理

虾酱又名虾膏，是我国沿海地区及东南亚各国的传统调味品之一，是一种采用毛虾、小白虾、蠓子虾、眼子虾、蚝子虾、钩虾、糠虾等通过加盐自然发酵后，经研磨制成的一种紫红色黏稠状酱。虾酱在发酵制备过程中，虾体中虾青素部分转化为虾红素，颜色渐转紫红，虾体内胆固醇则转化成虾香素，蛋白质降解为低分子多肽和游离氨基酸，部分碳水化合物转化为低级糖，最后形成特有浓郁风味的虾酱。目前，虾酱的生产方式有两种：一种是传统自然发酵，但其生产周期长，难以连续自动化生产，同时存在腥味重、盐度高等问题。另一种是现代发酵，主要是添加多种酶后进行发酵生产，该技术可以以虾下脚料为原料常年生产，虾酱含盐度较低，也适用于大规模工业化生产。

## 三、实验材料和仪器

### 1. 实验材料

(1) 原料：新鲜蜢子虾，保存在–20℃冰箱内备用。

(2) 试剂：食品级碱性蛋白酶、食用盐、白砂糖、黄酒。甲醛、费林试剂等用于蛋白酶活性测定、游离氨基酸甲醛滴定测定、凯氏定氮法测定、总糖测定、粗脂肪测定等国标方法中所需分析纯试剂。

### 2. 实验仪器

分析天平、搅拌器、电炉、滴定管、全自动凯氏定氮仪、紫外分光光度计、250 mL 锥形瓶、培养箱、消化炉等。

## 四、实验内容

### 1. 原料处理

将 1000 g 虾籽从冰箱中取出，自然解冻后进行清洗，去除杂质，洗净后沥干水分备用。

### 2. 酶解

(1) 打浆：将处理好的虾籽采用破壁机进行粉碎处理。

(2) 酶解：向制备好的虾籽酱样品中加入 400 U/g 的碱性蛋白酶，食用盐添加量为 18%，温度 50℃，时间 4.5 h，pH=7.9。

(3) 酶解结束后，需对生产体系中的酶进行灭酶处理，将样品放入沸水浴中 20 min 灭酶。

### 3. 加盐、发酵

(1) 一次发酵：取适量酶解后样品，加入 15%的食用盐，搅拌均匀，在 20℃条件下发酵 7 天。

(2) 二次发酵：一次发酵结束后，再添加 5%的黄酒和 8%的白砂糖，搅拌均匀，以促进分解均匀发酵，再继续发酵 21 天。

### 4. 相关指标测定

1) 氨基酸态氮的测定

采用甲醛电位滴定法测定。

(1) 试剂：甲醛(36%)、氢氧化钠标准滴定溶液(0.05 mol/L)。

(2) 仪器：酸度计、磁力搅拌器、10 mL 碱式滴定管。

(3) 分析步骤：

①准确称取 5 g 样品，置于 100 mL 容量瓶中，加水至刻度，混匀后吸取，置于

200 mL 烧杯中，加 60 mL 水(酵母类吸取 5 mL，加 55 mL 水)，开动磁力搅拌器，用氢氧化钠标准溶液滴定 pH=8.2。注：滴定时应先快后慢，如果不小心滴过量可用玻璃棒蘸取少量盐酸沿烧杯壁流入溶液；开磁力搅拌器时，转速要由慢变快，不要让转子碰到电极。

②加入 10 mL 甲醛溶液混匀，再用氢氧化钠标准溶液继续滴定至 pH=9.2，记下样品 pH 从 8.2 到 9.2 时消耗氢氧化钠标准溶液的毫升数。

③空白试验：将 80 mL 蒸馏水置于 200 mL 烧杯中滴定，记录加入甲醛后消耗标准溶液的毫升数。

(4)数据计算：

$$X=\frac{(V_1-V_2)\times C\times 0.014}{m\times \frac{V_3}{100}}\times 100\%$$

式中，$X$ 为样品中氨基酸态氮的含量，g/100 mL；$V_1$ 为样品稀释液加入甲醛后消耗氢氧化钠标准溶液的体积，mL；$V_2$ 为试剂空白加入甲醛后消耗氢氧化钠标准溶液的体积，mL；$V_3$ 为样品稀释液取用量，mL；$m$ 为样品质量，g；$C$ 为氢氧化钠标准溶液的浓度，mol/L。

2)挥发性盐基氮测定

(1)试剂：

①0.1 mol/L 盐酸标准溶液(无水碳酸钠标定)：吸取分析纯盐酸 8.3 mL，用蒸馏水定容至 1000 mL。

②0.01 mol/L 盐酸标准溶液：用 0.1 mol/L 盐酸标准溶液稀释获得。

③2%硼酸溶液：分析纯硼酸 2 g 溶于 100 mL 水配成 2%硼酸溶液。

④混合指示剂：0.1%甲基红乙醇溶液，0.5%溴甲酚绿乙醇溶液，两溶液等体积混合，阴凉处保存期三个月以内。

⑤1%氧化镁溶液：化学纯氧化镁 1.0 g 溶于 100 mL 蒸馏水制成混悬液。

(2)测定方法：

①称取 1～5 g 试样(精确到 0.001 g)于 250 mL 具塞锥形瓶中，加蒸馏水 100 mL，振荡摇匀 30 min 后静置，上清液为样液。

②取 20 mL 2%的硼酸溶液于 150 mL 锥形瓶中，加混合指示剂 2 滴，使半微量蒸馏装置的冷凝管末端浸入此溶液。

③蒸馏装置的蒸汽发生器的水中应加甲基红指示剂数滴、硫酸数滴，且保持此溶液为橙红色，否则补加硫酸。

④准确移取 10 mL 样液注入蒸馏装置的反应室中，用少量蒸馏水冲洗进样入口，塞好入口玻璃塞，再加入 10 mL 0.01%的氧化镁溶液，小心提起玻璃塞使氢氧化镁流入反应室，将玻璃塞塞好，且在入口处加水封好，防止漏气，蒸馏 10 min，使冷凝管末端离开吸收液面，再蒸馏 1 min，用蒸馏水洗冷凝管末端，洗液均流入吸收液。

⑤吸收氨后的吸收液立即用 0.01 mol/L 盐酸标准液滴定，溶液由蓝绿色变为灰红色

为终点，同时进行试剂空白测定。

(3) 数据计算：

$$X_1=[(V_1-V_2)\times C_1\times 14/(M_1\times V'/V)]\times 100$$

式中，$X_1$ 为样品挥发性盐基氮的含量，mg/100 g；$V_1$ 为滴定试样时所需盐酸标准溶液体积，mL；$V_2$ 为滴定空白时所需盐酸标准溶液体积，mL；$C_1$ 为盐酸标准溶液浓度，mol/L；$M_1$ 为试样质量，g；$V'$为试样分解液蒸馏用体积，mL；$V$ 为样液总体积，mL；14 为与 1.00 mL 盐酸标准滴定溶液[$c$(HCl)=1.000 mol/L]相当的氮的质量，mg。

(3) 感官评价标准(表 1)：

**表 1　虾酱感官评价标准**

| 评价指标 | 评分标准 | 得分 |
|---|---|---|
| 气味 | 虾籽酱风味强，无腥臭味或异味 | 25～30 |
| | 虾籽酱风味较强，无腥臭味或异味 | 19～24 |
| | 虾籽酱风味较弱，无腥臭味或异味 | 13～18 |
| | 虾籽酱风味弱，略有腥臭味或异味 | 7～12 |
| | 无虾籽酱风味，有明显腥臭味或异味 | 0～6 |
| 色泽 | 红(棕)褐色，颜色鲜艳，光泽度高 | 17～20 |
| | 红(棕)褐色，颜色鲜艳，有光泽 | 13～16 |
| | 红(棕)褐色，颜色鲜艳，不发乌 | 9～12 |
| | 红(棕)褐色，颜色不正 | 5～8 |
| | 色泽暗淡发黑 | 0～4 |
| 滋味 | 鲜味强，回味绵长，咸淡适宜，口感细腻 | 25～30 |
| | 鲜味较强，回味一般，咸淡适宜，口感较细腻 | 19～24 |
| | 鲜味较弱，有回味，偏咸(淡)，口感较粗糙 | 13～18 |
| | 鲜味弱，无回味，偏咸(淡)，口感粗糙 | 7～12 |
| | 无鲜味，很咸(淡)，有明显不良异味 | 0～6 |
| 体态 | 黏稠适度，质地均匀呈半流体状，无沉淀、悬浮物 | 17～20 |
| | 黏稠适度，质地较均匀呈半流体状，无沉淀、悬浮物 | 13～16 |
| | 黏稠较适度，质地较均匀基本呈半流体状，略有沉淀、悬浮物 | 9～12 |
| | 黏稠不适，质地不均匀，有明显沉淀、悬浮物 | 5～8 |
| | 过稀或过稠，质地不均匀，有大量沉淀、悬浮物 | 0～4 |

## 五、思考题

1. 结合本实验及相关资料，比较虾酱传统发酵工艺与现代发酵工艺的异同点。
2. 简述本实验中二次发酵的优点有哪些。

# 第九节　中药材的发酵工艺实验

## 实验七十二　党参的发酵

### 一、实验目的

(1)掌握党参发酵的基本原理及操作流程;
(2)了解微生物产生的酶系对党参发酵前后主要成分变化的影响。

### 二、实验原理

中药发酵炮制是传统中药炮制的重要方法之一，目前已经实现从单味药发酵到中药复方发酵转化。传统的中药发酵炮制多是利用空气中微生物进行的自然发酵，是多菌种混合自然发酵，参加发酵的菌种种类和数量都存在一定的波动，整个发酵炮制的过程是凭主观经验来控制的。现代中药发酵炮制是在继承中药炮制学传统发酵法的基础上，结合微生态学特点及生物工程发酵技术而形成的，是从中药(天然药物)制药方面寻找药物的新药效或提高药效的一项高科技中药制药新技术。其主要特点包括：以优选的有益菌群中的一种或几种、一株或几株益生菌作为菌种，在整个发酵炮制过程中较好地控制参与发酵的菌种的种类和数量，并对温度、湿度、酸碱度、通气等也能较好控制，其质量的稳定性得以较大提高。

### 三、实验材料和仪器

1. 实验材料

(1)菌种：乳酸菌(lactic acid bacteria)。
(2)原料：党参饮片。
(3)发酵培养基：牛肉浸膏、蛋白胨、氯化钠比例为3∶10∶5。
(4)试剂：无水乙醇、甲醇、芦丁对照品、党参炔苷对照品、葡萄糖、苯酚、氢氧化钠等。

2. 实验仪器

电炉、紫外分光光度计、离心机、高压灭菌锅、分析天平、摇床、实验室常用器皿等。

### 四、实验内容

1. 液体培养基的配制

在烧杯中按照比例加入牛肉浸膏、蛋白胨、氯化钠，比例为3∶10∶5，加入适量蒸馏水，用电炉进行加热溶解，冷却至60℃左右后分装到锥形瓶中，用棉塞封口，再用牛皮纸包裹，121℃高压蒸汽灭菌20 min，冷却后转入超净台进行分装备用。

2. 菌种活化

从冰箱取出实验室保藏的乳酸菌菌种，在超净台中加 20 mL 无菌蒸馏水，轻轻振荡，将培养基上的乳酸菌洗脱下来，混合均匀后，取 5 mL 菌液加入分装后的培养基中混合均匀，将锥形瓶放入摇床中，33℃，180 r/min 条件下培养 24 h，备用。

3. 发酵工艺

取党参饮片 100 g，按照料液比 1∶6 添加，同时接种乳酸菌量为 1%，在 33℃条件下发酵 7 天，冷冻干燥获得发酵党参备用。

4. 发酵前后党参黄酮含量测定

1) 试样的制备

精密称取发酵前后党参粉末各约 1.0 g 置于具塞锥形瓶中，加入配制好的 80%的乙醇溶液，采用超声辅助提取党参中的黄酮类物质，提取时间为 30 min，过滤后得到供试样品。

2) 标准曲线的绘制

精密称取 1.00 mg 芦丁对照品，置于 10 g 容量瓶中，用甲醇定容，得到浓度为 100 μg/mL 芦丁标准品储备液。再分别量取标准储备液适量，配制成浓度依次为 5 μg/mL、10 μg/mL、25 μg/mL、50 μg/mL、100 μg/mL 的溶液备用。精密量取浓度为 0.24 mg/mL 的对照品溶液 0 mL、0.5 mL、1 mL、1.5 mL、2 mL、2.5 mL 置于容量瓶中，然后加入 5%亚硝酸钠溶液 0.4 mL，放置 3 min 后加入 10%硝酸铝溶液 0.4 mL，放置 3 min 后加入 4%氢氧化钠溶液 4 mL，继续放置 5 min 后，加蒸馏水定容，摇匀，在波长 510 nm 的条件下测定吸光度，得到线性方程。

3) 色谱条件

色谱柱 ZORBAX SB-C18 (4.6 mm×150 mm，5 μm)，流动相为甲醇-0.4%磷酸 (45∶55)，流速为 1.0 mL/min，检测波长为 370 nm，柱温为 30℃；分析时间为 20 min；进样量为 10 μL。

5. 数据统计

发酵前后总黄酮及党参炔苷的含量记录至表 1。

**表 1　党参发酵前后总黄酮及党参炔苷的含量**

| 项目 | 发酵前/(mol/mL) | 发酵后/(mol/mL) | 增长量/(mg/mL) | 增长率/% |
|---|---|---|---|---|
| 总黄酮含量 | | | | |
| 党参炔苷含量 | | | | |

## 五、思考题

(1) 根据本实验查阅资料，简述影响微生物发酵中药对活性成分含量的影响。

(2)传统中药发酵炮制是从中药药效角度进行分析，试从中药炮制发酵的角度分析发酵工艺对提高发酵产物水平的作用。

# 实验七十三　六神曲的现代发酵生产

## 一、实验目的

(1)掌握六神曲发酵生产工艺；

(2)了解六神曲现代发酵工艺的优缺点。

## 二、实验原理

六神曲又名神曲，最早记载于《药性论》，是由青蒿、辣蓼、苍耳草、赤小豆、面粉、苦杏仁六种原料经天然发酵加工而成的中药曲剂，主要用于消食，无论什么样的饮食积滞都可以帮助消化，且在改善食欲不振、大便溏泄等方面有一定的效果。

六神曲的传统制作方法主要是将原料用水煎煮，并将煎煮后的不同原料混合均匀后放置在一定温度和湿度条件下自然发酵，形成曲类中药。传统六神曲制备方法存在发酵时间长、占地面积大、卫生条件不能保证等问题。现代六神曲制备按照《全国中药炮制规范》进行，产品的内在质量评价指标包括淀粉酶、蛋白酶、脂肪酶等活性，淀粉酶的含量通常比较高且测定结果相对稳定，本实验采用现代发酵工艺设备及工艺对六神曲进行发酵制备。

## 三、实验材料和仪器

### 1. 实验材料

(1)原料：聚多曲霉(*Aspergillus sydowii*)、可溶性淀粉、麦麸、面粉、苦杏仁、赤小豆、鲜青蒿、鲜苍耳、鲜辣蓼。

(2)培养基：PDA 培养基。

(3)试剂：麦芽糖、3,5-二硝基水杨酸、氢氧化钠、无水亚硫酸钠、酒石酸钾钠等分析纯试剂及双蒸水。

### 2. 实验仪器

分析天平、搅拌器、电炉、酶标仪、恒温培养箱、摇床、离心机等。

## 四、实验内容

### 1. 种子液制备

将购买的聚多曲霉进行活化制备种子液，取活化后种子液接种在灭菌的 100 mL PDA 培养基中，放入摇床中培养，转速为 160 r/min，培养 3 h。

2. 原料处理

(1)取麦麸和面粉、苦杏仁、赤小豆进行粉碎过筛后，按照质量比例 100∶5∶5 进行混合备用。

(2)将鲜青蒿、鲜苍耳、鲜辣蓼原料按照质量比例 8∶8∶8 进行混合，加入(1)的混合物中，若青蒿、苍耳、辣蓼使用的是干物料，则用量为鲜重的 30%的水煎液即可。

3. 发酵制备

加入制备的种子液，拌匀，无纺布包裹后放置在培养箱中进行发酵，发酵温度设置为 32℃，发酵时间为 96 h。发酵结束后取出，切块后进行低温干燥。

4. 相关指标测定

1)淀粉酶活性检测

(1)酶液制备：取发酵后的六神曲粉末，按照 1∶20 加入蒸馏水，用摇床振摇萃取，转速为 110 r/min，提取时间为 30 min，10000 r/min 离心 10 min，去上清液，于 4℃条件下保存备用。

(2)测定步骤：取 1 mL 1%可溶性淀粉溶液加入试管中，再加入 400 μL 1% NaCl，37℃保温 5 min，同时，将酶液预热到 37℃，用移液管吸取 200 μL 的酶液加入试管中，计时反应 5 min，反应结束后立即加入 200 μL 0.4 mol/L NaOH 溶液用于终止反应，最后加入 200 μL 的 DNS 溶液显色，并煮沸 5 min 显色，放凉后用移液器吸取 200 μL 加入 96 孔酶标板中，540 nm 波长下测定吸光度，实验重复 3 次。每个反应管均设定空白管，空白管为先加入酶液，然后加入 0.4 mol/L NaOH 溶液终止反应。

酶活性单位定义：淀粉酶活性用每分钟每克六神曲样品中酶催化作用下产生的麦芽糖的质量表示，单位为 mg/(min·g)。

2)蛋白酶活性检测

(1)酶液制备：取发酵后的六神曲粉末，按照 1∶20 加入蒸馏水，用摇床振摇萃取，转速为 110 r/min，提取时间为 30 min，10000 r/min 离心 10 min，取上清液 4℃保存备用。

(2)测定步骤：将 5%三氯乙酸溶液和 1%酪蛋白溶液在 37℃下保温。取四支 15 mL 具塞试管，分别标上记号 A1、A0、B1 和 B0。在 A1 和 A0 试管中各吸入 0.20 mL 酶液，在 B1 和 B0 试管中各吸入 0.40 mL 酶液，分别用 0.2 mol/L 磷酸盐缓冲液定容至 2.00 mL。在 A0 和 B0 试管中各吸入 6.00 mL 5%三氯醋酸溶液，上述四支试管都置于 37℃水浴中保温。在各试管中吸入 2.00 mL 1%酪蛋白溶液，在 37℃下保温 10 min(准确计时)后，再向 A1 和 B1 试管中吸入 6.00 mL 5%三氯醋酸溶液。将试管从水浴中取出，在室温下放置 1 h，用少量上清液润湿滤纸后过滤，保留滤出液。在 280 nm 波长下，分别以 A0 和 B0 滤液为空白，测定 A1 和 B1 滤液的吸光度。

(3)计算过程：在规定的实验条件下，将每分钟增加 0.001 吸光度定义为一个酶单位。每克酶制剂中酶活性的计算公式如下：

$$酶活性=\Delta A\times 1000/(t\times w)$$

式中，酶活性单位为U/g；$\Delta A$ 为样品与空白吸光度差值(即A1和B1的吸光值)；$t$ 为酶作用时间，本实验为10 min；$w$ 为反应中酶的用量，g。

3)脂肪酶活性检测

(1)测定步骤：按pH计使用说明书进行仪器校正，取两个100 mL烧杯，于空白杯(A)和样品杯(B)中各加入底物溶液4.00 mL和磷酸缓冲液5.00 mL，再向A杯中加入95%乙醇15.00 mL，于40℃水浴中预热5 min，然后向A、B杯中各加待测酶液1.00 mL，立即混匀计时，准确反应15 min后，于B杯中立即补加95%乙醇15.00 mL终止反应；在烧杯中加入一枚转子，置于电磁搅拌器上，边搅拌边用氢氧化钠标准溶液滴定，至pH到10.3为滴定终点，记录消耗氢氧化钠标准溶液的体积。

(2)计算过程：

酶活性定义：在40℃温度和pH=7.5条件下，1 g固体酶粉或1 mL液体酶1 min水解底物产生1 μmol可滴定的脂肪酸，即1个酶活性单位，单位为U/g或U/mL。

脂肪酶制剂的酶活性按以下公式计算：

$$X_1=(V_1-V_2)\times c\times 50\times n_1/0.05\times 1/15$$

式中，$X_1$ 为样品的酶活性，U/g；$V_1$ 为滴定样品时消耗氢氧化钠标准溶液的体积，mL；$V_2$ 为滴定空白时消耗氢氧化钠标准溶液的体积，mL；$c$ 为氢氧化钠标准溶液浓度，mol/L；50为0.05 mol/L氢氧化钠溶液1.00 mL相当于脂肪酸50 μmol；$n_1$ 为样品的稀释倍数；0.05为氢氧化钠标准溶液浓度换算系数；1/15为反应时间15 min，以1 min计。

## 五、思考题

1. 结合本实验及相关资料，试分析影响六神曲发酵工艺的主要因素有哪些。
2. 简述本实验中主要酶活性的影响因素有哪些。

***知识拓展**：中药材的发酵

# 参考文献

柏芳青. 2007. 曲霉菌株的保藏与复壮[J]. 中国调味品, 9: 23-25.

程轩轩, 孟江, 卢国勇, 等. 2011. 真空冷冻干燥法和自然干燥法对干姜中多糖和姜酚类成分的影响[J]. 广东药科大学学报, 27(3): 264-266.

崔铁忠. 2005. 柿子果酒酵母菌的分离、筛选及其应用研究[D]. 北京: 中国农业大学.

崔秀云, 邵千飞, 汪德林. 2015. 离子交换法去除 1, 3-丙二醇发酵液中盐的研究[J]. 应用化工, 44(8): 1478-1481.

代志凯, 张翠, 阮征. 2010. 试验设计和优化及其在发酵培养基优化中的应用[J]. 微生物学通报, 37(6): 894-903.

樊明涛, 张文学. 2014. 发酵食品工艺学[M]. 北京: 科学出版社.

房耀维, 刘姝, 吕明生, 等. 2009. 双水相萃取法分离低温 $\alpha$-淀粉酶的研究[J]. 食品科学, 30(18): 159-162.

管斌. 2010. 发酵实验技术与方案[M]. 北京: 化学工业出版社.

郭宏文, 王艳, 江成英, 等. 2016. 酸性 $\alpha$-淀粉酶菌种的诱变选育[J]. 江苏农业科学, 44(3): 356-357.

韩健. 2007. 地衣芽孢杆菌产 $\beta$-甘露聚糖酶发酵和纯化工艺的响应面法优化[D]. 天津: 天津大学.

胡开辉. 2004. 微生物学实验[M]. 北京: 中国林业出版社.

姜伟, 曹云鹤. 2014. 发酵工程实验教程[M]. 北京: 科学出版社.

李聪, 朱晓吉. 2014. 超声破碎酵母细胞提取蔗糖酶条件优化[J]. 江苏农业科学, 42(4): 237-239.

李永霞, 曾海英, 秦礼康. 2010. 酵母细胞破碎条件优化及高肽酶菌株筛选[J]. 食品科学, 31(17): 302-306.

刘杰, 苏安祥, 冯印, 等. 2011. 正交实验设计优化茁霉多糖发酵工艺[J]. 食品科技, 10: 2-6.

刘俊梅, 李琢伟, 冯天义, 等. 2010. 产 L-色氨酸营养缺陷型突变菌株谷氨酸棒杆菌 LG-332 的选育[J]. 食品科技, 35(6): 15-20, 24.

刘叶青. 2007. 生物分离工程实验[M]. 北京: 高等教育出版社.

马汉军, 秦文. 2009. 食品工艺学实验技术[M]. 北京: 中国计量出版社.

梅余霞, 方柏山. 2008. 发酵法制备木糖醇结晶体的工艺研究[J]. 食品科技, 10: 82-85.

潘淼. 2017. 高山被孢霉原生质体融合及全合成培养基研究[D]. 合肥: 中国科学技术大学.

潘明丰, 郭美锦, 储炬, 等. 2012. 多杀菌素种子培养基及发酵培养基的优化[J]. 中国抗生素杂志, 37(10): 745-751.

邱业先. 2014. 生物技术生物工程综合实验指南[M]. 北京: 化学工业出版社.

施巧琴. 1981. 碱性脂肪酶的研究——Ⅰ. 菌株的分离和筛选[J]. 微生物学通报, 3: 10-12.

宋存江. 2012. 微生物发酵工程综合实验原理与方法[M]. 天津: 南开大学出版社.

谭才邓, 廖延智, 吴裕豪, 等. 2013. 灵芝液体发酵产胞内多糖的培养基优化[J]. 现代食品科技, 29(3): 549-552.

王磊, 张荣珍, 徐岩, 等. 2014. 近平滑假丝酵母(R)-羰基还原酶在大肠杆菌中的外泌表达及高效转化(R)-苯基乙二醇[J]. 工业微生物, 44(3): 13-18.

王娜, 张洁, 沈微, 等. 2006. $\gamma$-谷氨酰基转肽酶(GGT)基因工程菌的构建及其发酵条件的初步研究[J]. 中国生物工程杂志, 26(11): 48-53.

王祎玲, 段江燕. 2017. 生物工程实验指导[M]. 北京: 科学出版社.

韦慧, 曹贤明, 李昱龙, 等. 2018. Pfu DNA 聚合酶的制备过程及其条件优化[J]. 生命科学研究, 22(4): 291-297, 304.
杨辉, 梁海秋, 廖威, 等. 2003. 离子束注入法诱变选育耐高糖衣康酸高产菌株[J]. 工业微生物, 33(3): 30-32.
杨洋. 2013. 生物工程技术与综合实验[M]. 北京: 北京大学出版社.
杨志建. 2004. 粪产碱杆菌青霉素G酰化酶在大肠杆菌中的表达及其分离纯化[D]. 杭州: 浙江大学.
俞俊棠, 唐孝宣, 邬行彦, 等. 2003. 新编生物工艺学(上、下册)[M]. 北京: 化学工业出版社.
曾颖, 余垒, 朱新儒, 等. 2018. 盐析法联合离子液体双水相纯化木瓜蛋白酶[J]. 食品科学, 39(24): 261-267.
张惠玲, 吴素萍. 2011. L-苏氨酸产生菌的原生质体融合育种研究[J]. 中国酿造, 30(7): 144-147.
张建华, 曹付明, 张宏建, 等. 2013. 初始过饱和度对谷氨酸结晶的影响研究[J]. 高校化学工程学报, 27(1): 43-49.
张利文, 王艳玲. 2018. 超声波辅助提取橘皮中黄酮类化合物工艺研究[J]. 生物化工, 4(5): 30-33.
张士伟, 黄建飞, 罗立新. 2013. 枯草芽孢杆菌产蛋白酶发酵培养基的优化[J]. 中国酿造, 32(2): 20-24.
张雪, 李达, 赵玉娟, 等. 2010. 内蒙古奶豆腐中产胞外多糖乳酸菌的分离筛选[J]. 食品科学, 1: 141-144.
张钟, 李先保, 杨胜远. 2012. 食品工艺学实验[M]. 郑州: 郑州大学出版社.
钟瑞敏, 翟迪升, 朱定和. 2015. 食品工艺学实验与生产实训指导[M]. 北京: 中国纺织出版社.

# 附录　视频资源清单

## 综 合 实 验

### 泡菜的发酵（实验五十四）

- 基础知识
  - 泡菜发酵简介
- 实验步骤
  - 1. 洗坛
  - 2. 原料处理（洗、切、干）
  - 3. 香料包制备
  - 4. 食盐水配制
  - 5. 装坛
  - 6. 放香料包
  - 7. 继续装坛
  - 8. 加食盐水等
  - 9. 封坛
  - 10. 发酵
  - 11. 感官品鉴

### 凝固型酸奶的制作（实验五十五）

- 基础知识
  - 凝固型酸奶制作简介 
- 实验步骤
  - 1. 乳酸发酵剂制备 
  - 2. 洗瓶 
  - 3. 干热灭菌 
  - 4. 烧水并冷却 
  - 5. 乳粉复原 
  - 6. 加糖及配料 
  - 7. 杀菌 
  - 8. 冷却罐装 
  - 9. 接种 
  - 10. 封口 
  - 11. 发酵培养 

- 12. 冷藏后熟

- 13. 感官品鉴

- 小技巧
  - 棉线活扣扎口方法

## 啤酒的发酵（实验五十七）

- 基础知识
  - 啤酒酿造简介
- 实验步骤
  - 1. 洗罐
    - ① 水洗循环
    - ② 碱洗循环
    - ③ 双氧水洗循环
  - 2. 原料称量
  - 3. 麦芽粉碎
  - 4. 投料
  - 5. 糖化
    - ① 控温1阶段
    - ② 控温2阶段
    - ③ 控温3阶段
  - 6. 过滤
  - 7. 洗糟

- 8. 再过滤

- 9. 煮沸加花

- 10. 麦汁旋沉

- 11. 排热凝固物

- 12. 及时清理麦糟与洗锅

- 13. 麦汁冷却进罐

- 14. 排冷凝固物

- 15. 麦汁充氧

- 16. 接种酵母

- 17. 发酵温度控制

- 18. 发酵降糖测定
- 19. 接酒品鉴

## 葡萄酒的酿造（实验五十九）

- 基础知识
  - 果酒酿造简介

## 柠檬酸的发酵（实验六十）

- 基础知识
  - 发酵罐设备使用

- 实验步骤
    - 1. 麦汁斜面培养基制备 
    - 2. 黑曲霉接种活化 
    - 3. 接种种子液 
    - 4. 配制发酵液 
    - 5. 种子液培养
    - 6. 发酵液入罐灭菌 
    - 7. 上罐发酵
    - 8. 接种 
    - 9. 发酵液过滤 
    - 10. 柠檬酸测定 

# 知 识 拓 展

## 浓香型白酒的酿造

- 基础知识
    - 揭秘酿酒的三大关键——水、曲和酿造工艺的秘密 
    - 极致绵柔源头的秘密——神奇的绵柔“四色曲” 
    - 绵柔酿造技艺的核心——不着急的“三低”工艺 
    - 酿酒技术——揭秘酿酒工艺操作过程 
    - 白酒的几大香型，你了解吗——浓香型白酒特点 
- 生产操作
    - 1. 绵柔洋河酒是如何酿造的 
    - 2. 出窖配料标准化示范教学 
    - 3. 吊桶出甑环节操作规程 
    - 4. 入窖封窖标准化示范教学 
    - 5. 下场操作示范教学 

## 中药材的发酵

- 生产操作
    - 中药材发酵生产流程